U0055896

零死角動漫角色
眼部電繪技法

從基礎結構原理到繪圖過程，
人氣繪師教你精準掌握眼部繪製訣竅

株式会社ビー・エヌ・エヌ
末冨正直、秋赤音、ちょん*、
金平東、SPIdeR.、湖木マウ／著

王怡山／譯

前言

創作時，大家最講究的是什麼地方呢？

本書正是為了「繪製角色時最講究『眼睛』的創作者」所撰寫的書籍。
「眼睛」是非常重要的部位，能夠區分角色的性格、使作品本身更具特色，或是更貼切的表達感情。在有著許多角色的作品之中，能夠讓人深深受到吸引，或是不禁駐足欣賞的作品，往往都帶著特別強而有力的「眼神」。

本書統整了豐富的資訊，包括描繪眼睛所需的基礎知識、拓展表現幅度的點子，以及邀請在描繪眼睛這部分有獨特見解的插畫家來講解其繪圖過程，相信可以充分幫助到創作者畫出更加充滿魅力的眼睛。

讀者可以從頭開始閱讀以鞏固基礎，或是專門加強自己不擅於描繪的地方。當然了，想先了解繪圖過程也沒有問題。

但願本書可以幫助大家發掘出自我特色，畫出自己此刻想描繪的眼睛。

CONTENTS

PART 2

迷人雙眼的繪圖過程

≫ P070

秋赤音
≫ P072

ちょん＊
≫ P090

金平東
≫ P108

SPIdeR.
≫ P130

湖木マウ
≫ P150

PART 1

描繪眼睛的基礎知識

本章節將解說能拓展表現幅度的實用知識，包括眼睛的構造、五官的配置比例等基礎認知，以及描繪漫畫風人物時的重點、眼睛的各種形狀、感情的表達方式等等。請確實打好基礎，找出富有自我風格的表現技法吧。

了解構成臉部的五官與比例

想要畫出比例正確的漫畫風人物,先了解人類真實的臉部形狀是很重要的。如果能在了解真人比例的情況下,以自己的風格去描繪漫畫風人物,就能畫出沒有矛盾或異樣感的原創作品。

從正面觀看的臉部

剛開始的第一步,我們要先確認構成臉部的五官。這段說明將以成人女性的臉為例。雖然有些漫畫風的表現方式會省略特定部分,但真人的臉部包含了眼睛、鼻子、嘴巴、眉毛與耳朵。一個人的臉部就是以這些元素所構成,所以如何調配五官的位置與比例是非常重要的。

那麼,接著就來確認基本的臉部比例吧。大人與小孩略有不同,而這一點會在「05 了解因比例不同所造成的形象差異」這部分進行說明。

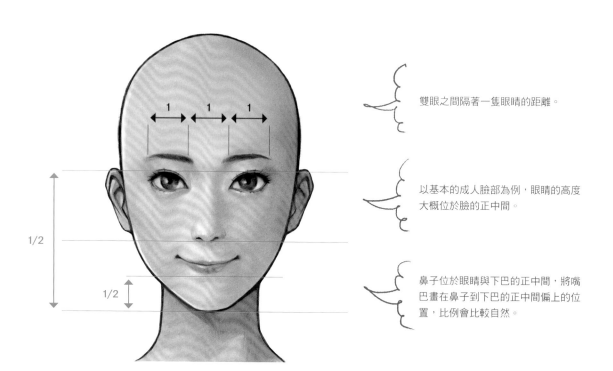

1　1　1

1/2

1/2

雙眼之間隔著一隻眼睛的距離。

以基本的成人臉部為例,眼睛的高度大概位於臉的正中間。

鼻子位於眼睛與下巴的正中間,將嘴巴畫在鼻子到下巴的正中間偏上的位置,比例會比較自然。

從側面觀看的臉部

從側面觀察臉部的比例吧。如果各位在描繪側臉的時候，覺得頭部寬度看起來太扁，或是無法確實畫好眼睛與鼻子的位置，只要掌握這幾個重點，應該就會覺得畫起來更容易了。

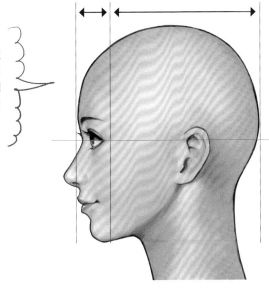

試著觀察就會發現，從側面看過去的臉部空間是非常狹窄的。整個頭部的比例是橫向比縱向的距離來得更長。

將耳朵的位置設定在頭部的中央會比較容易理解。眼尾的高度、耳朵的根部與鼻子的根部位於同樣的高度。

斜向觀看的臉部與眼睛的比例

斜向構圖容易呈現角色臉部的立體感，所以有許多人偏好描繪這樣的構圖。與正面不同的是，左右眼的形狀會　稍有不同。只要能掌握這個重點，就能畫出更加自然且迷人的角色。

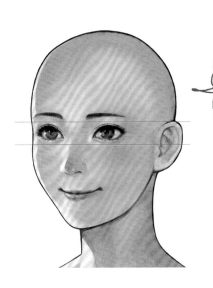

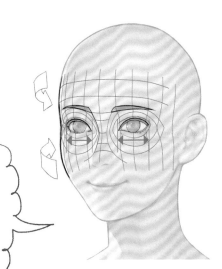

雖然也跟視點（在什麼距離下觀看該人物）有關，但近處與遠處的眼睛高度幾乎不會改變。

遠處的眼睛寬度會比近處的眼睛還要稍窄一點。這並不是因為透視，而是因為眼尾的部分會彎向臉的另一側，變得看不見。

02 了解眼睛與眼瞼的構造

眼睛是由稱為「眼球」的球狀器官，以及覆蓋眼球的眼瞼所構成的。
眼瞳之中的虹膜與瞳孔更是表現原創性的重要元素。
以下將針對其構造進行詳細的解說。

構成眼睛的元素

前面已經提及，眼球是球狀的圓形器官，由眼白、虹膜、水晶體（瞳孔）、角膜等部位構成。以漫畫風的技法描繪時，只要改變瞳孔的大小與眼白的分量，就能大幅改變眼睛給人的印象。

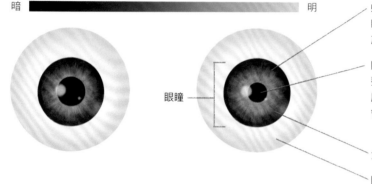

暗　明

眼瞳

虹膜：角膜與水晶體之間的薄膜。與眼睛的顏色有關，仔細觀察還能看到放射狀的紋路。

瞳孔：眼睛中央的黑色圓孔。為了調整照射到眼中的光量，大小會隨著四周環境的亮度而改變，在明亮的地方會變小，在陰暗的地方會變大。

角膜：眼球最外層的透明薄膜。

眼白：眼球的白色部分。

POINT
描繪漫畫風人物時，改變眼瞳的大小就能改變角色給人的印象。大眼瞳給人可愛、稚嫩、活潑的印象；相反地，小眼瞳給人成熟、冷酷、沉穩的印象。

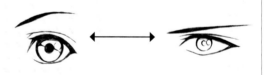

眼瞳形狀的變化

描繪眼型與眼瞳的時候可以根據上述的說明，留意眼球的形狀。不只是看得見的部分，也想像被眼瞼蓋住的部分，畫起來會更容易。

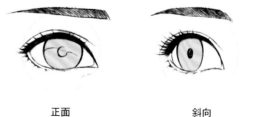

正面　　　　　斜向　　　　　側面

從正面觀看時是圓形，斜向觀看時是橢圓形，從側面觀看時則是稍微壓扁的形狀。雖然會根據眼睛的動作而改變，但眼瞳的上緣被眼瞼遮住的面積較大，下緣則是全部露出或稍微遮住，如此描繪就能使比例看起來更穩定。

掌握眼瞼的構造

描繪斜向的眼睛時，理解眼瞼與眼瞳的關係是很重要的。

[眼瞼的構造]

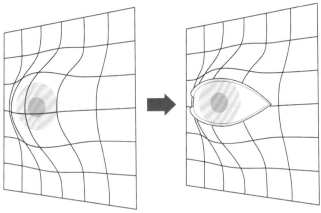

就像在眼球上覆蓋一層皮膚……　　然後切除一部分的樣子

從側面望過去，
上眼瞼與下眼瞼的形狀
會貼合眼球。

[斜向的眼睛]

●俯視

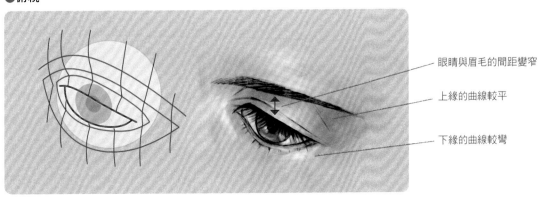

眼睛與眉毛的間距變窄

上緣的曲線較平

下緣的曲線較彎

●仰視

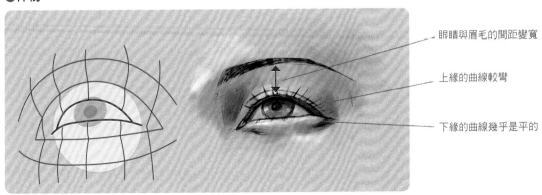

眼睛與眉毛的間距變寬

上緣的曲線較彎

下緣的曲線幾乎是平的

閉眼的表現技法

根據閉上眼瞼時的用力程度，眼睛與眉毛的形狀會有所改變。這個地方也關係到表情的呈現，以下就來看看吧。

[輕閉雙眼時、睡覺時]

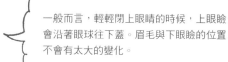

一般而言，輕輕閉上眼睛的時候，上眼瞼會沿著眼球往下蓋。眉毛與下眼瞼的位置不會有太大的變化。

[緊閉雙眼時]

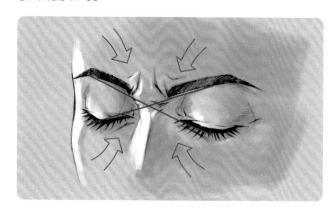

用力閉上眼睛的時候，下眼瞼也會因為用力而往上抬起。眉頭會產生皺紋，可以藉此表現用力的程度。眉毛與眼睛的位置會朝中央呈現X字形。

[拋媚眼時]

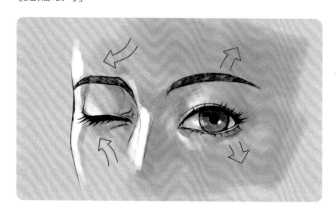

拋媚眼的情況下，睜開的眼睛會稍微用力撐住，所以眉毛會往上抬。閉著的眼睛就跟緊閉時一樣，下眼瞼會用力，所以眼睛會瞇成朝上的曲線。另外，閉眼那一側的眉毛會稍微往下垂。

03 睫毛是表現女人味的部位

雖然男女老少都有睫毛，
但在繪畫方面，睫毛是能特別強調女人味的部位。
先了解真實睫毛的生長方式，在描繪漫畫風人物或不同角度的臉時都能派上用場。

了解真實睫毛的生長方式

接下來要解說的是真實睫毛的生長方式。從正面觀看的時候，睫毛就像是從眼睛的中心往外擴散成放射狀。睫毛的特徵並不是從眼睛邊緣筆直往上翹，而是從眼睛的內側往外延伸出弧線。

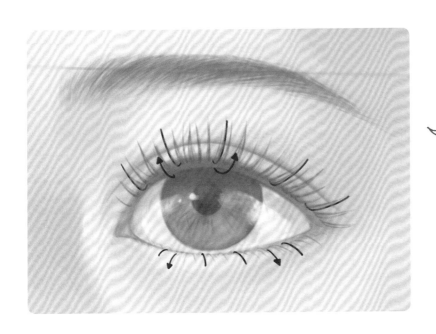

根部大幅彎曲，從眼睛的內側朝外延伸。強調睫毛的弧度可以讓眼睛的線條更清晰，使眼睛更有神。另外，睫毛也會讓眼睛變得更大，賦予「眼睛大＝可愛」的印象。
雖然下眼瞼的睫毛比較短且稀疏，存在感卻出乎意料地強，所以能讓眼睛更有神。

從上方俯視的時候也一樣，睫毛會從眼睛中心擴散成放射狀。幾根睫毛互相重疊，可以表現出束狀感。

臉部角度與睫毛型態的差異

觀看的角度不同，睫毛的彎曲度與濃密度也會不同。臉偏向側面的時候，左右兩眼的睫毛也會有差異，現在就來依序確認吧。

[側臉的情況下]

側視角是睫毛最顯眼的角度。從側面看過去，睫毛的弧度是最明顯的。重疊的部分會變得更加濃密，而眼尾處看起來則比較稀疏。

[斜向的情況下]

朝下的面（紅）

朝上的面（藍）

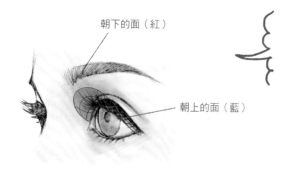

斜向的情況下，睫毛朝下的面（圖中的紅色部分）會往上翻起。遠處那一側的眼睛只會露出睫毛。

[傾斜20度的情況下]

描繪往左或往右微偏的臉時，左右兩邊的睫毛看起來會有些不同。
描繪接近正面的眼睛時，曲線會先往下再往上翹。形狀類似放射狀。
描繪遠處的眼睛時，因為有一定的角度，會使睫毛根部變得密集，所以看起來會更濃也更長。

看起來更濃也更長　　　　彎曲並往上翹

有無睫毛的差別

睫毛是左右人物形象的重要部位，如果說光靠睫毛的多寡便能畫出男人或女人、大人或小孩的差異也不為過。

根據角色的性格來改變表現方式也很有意思。

[形象範例]

●睫毛：少

男性化、冷酷、知性、菁英、穩重等等

●睫毛：多

女性化、溫柔、和善、性感等等

漫畫風技法的睫毛

描繪漫畫風的眼睛時，可以用束狀的筆觸畫出寫實的質感，或是以較粗的線條或三角形的尖端來表現睫毛的特徵。

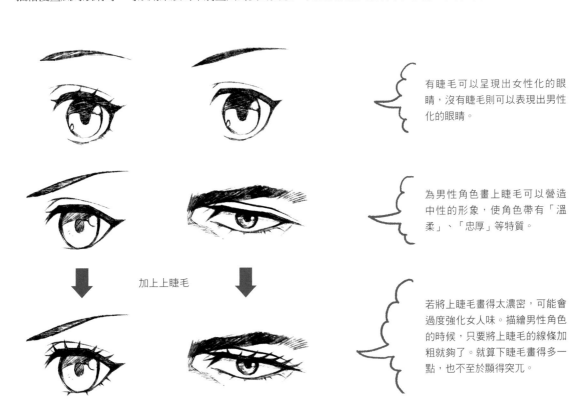

加上上睫毛

有睫毛可以呈現出女性化的眼睛，沒有睫毛則可以表現出男性化的眼睛。

為男性角色畫上睫毛可以營造中性的形象，使角色帶有「溫柔」、「忠厚」等特質。

若將上睫毛畫得太濃密，可能會過度強化女人味。描繪男性角色的時候，只要將上睫毛的線條加粗就夠了。就算下睫毛畫得多一點，也不至於顯得突兀。

04 眉毛是製造表情的最佳配角

眉毛的形狀與方向的變化出乎意料地多，是表現角色性格與情感轉變的重要部位。
比起單獨觀察，搭配眼睛更容易掌握它的變化，
所以這個章節將會連同眼睛一起進行解說。

眉毛的基礎

眉毛的主要部分是由下往上生長，但靠近眼尾的地方則會轉為由上往下生長。眉頭與眉尾（兩端）的毛比較稀疏，會漸漸融入膚色。在形狀方面，主要是上緣呈現明顯的山形弧度，下緣則是幾乎筆直的和緩弧度。除此之外，眉毛的寬度通常會大於眼睛的寬度。

主要的毛流
呈現這樣的方向

有些部分
是往下生長的

眉毛比眼睛的寬度更長

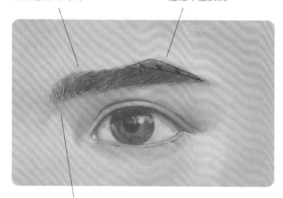

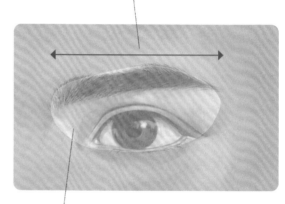

眉毛輪廓的上緣會有明顯的曲線。
區分粗獷的眉毛或平順的眉毛時，
可以從上緣的曲線去做出變化

用平滑的曲線將眉毛上緣的線條
與眼睛下緣的線條連成一個橢圓形，
比較容易畫出良好的形狀與位置

POINT

實際的人物表情不只由眼睛與嘴巴等五官所構成，而是用整張臉的肌肉（表情肌）來表現感情。就像「臉色」可以用來形容人的表情一樣，即使只是非常細微的心境變化，也能透過表情肌來傳達。描繪漫畫風的作品時，無法畫出表情肌的細節，所以才必須藉著眼睛、嘴巴與眉毛等少數的五官來表達角色的內心情感。因此，相較於真實的眼睛與嘴巴的動態，有必要使用更加誇張的表現方式。特別是眉毛，雖然它在插畫中經常被頭髮遮住，而且也不顯眼，但卻是呈現表情與感情的重要部位。希望大家在欣賞他人的作品時，也能觀察眉毛的高度與形狀，以及其中蘊含的感情。

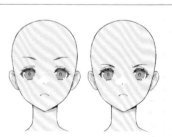

光是改變眉毛的位置，形象就會
跟著改變

男女眉毛的差異

基本上，男女的眉毛生長方式都是相同的。與其說是性別差異，說是個體差異或許比較正確。不過，女性之中有比較多人會修整眉毛，所以描繪漫畫風人物的時候，畫成平滑的形狀會比較自然。

[女性]

輪廓：平滑、偏細
曲線：較為平緩

只在眉頭處畫上稀疏的毛流，其他部分則畫成乾淨俐落的樣子。

[男性]

輪廓：粗獷、偏粗
曲線：眉峰很顯眼

在眉頭與眉尾都畫出稀疏的毛流，就會給人充滿野性的印象。

眉毛形狀造成的形象差異

以上述的眉毛為基礎，再提高或降低眉尾，就能大幅改變人物形象。這裡將比較兩者的差異。

[眉尾朝上]

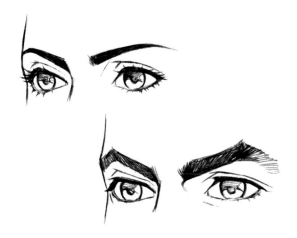

形象：
精悍／意志堅強／富有正義感／認真
男人味／凶狠、嚴格　等等

如果將眼睛與眉毛的距離縮短，上述的形象就會更加強烈。

[眉尾朝下]

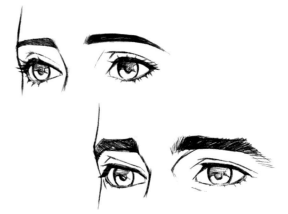

形象：
溫柔／低調／成熟／和善
女人味、輔助主角的角色　等等

如果將眼睛與眉毛的距離拉長，上述的形象就會更加強烈。

女性角色的漫畫風眉毛

正如先前所述，將女性的眉毛畫得「偏細」且「平滑」，就能強調女人味。畫法有各式各樣的變化，但大致可以區分為單用線條表現的畫法，以及稍微畫得粗一點、接近真實眉毛的畫法。請多多嘗試，找出適合自己角色的表現方式吧。

[單用線條表現]

[畫出粗細]

這種畫法經常用在不想讓眉毛太搶眼的時候。即使只用線條描繪，也能藉著彎曲的程度和眼睛與眉毛的位置來改變形象。

就像女性的妝容會流行「粗眉毛」，女性角色的眉毛並不一定要畫得很細。不過在這種情況下也一樣，畫出「平滑」的形狀才能呈現更有女人味的柔和表情。

男性角色的漫畫風眉毛

真要說的話，男性角色或許比較容易用眉毛來凸顯個性。配合角色的性格來改變眉毛的形狀是很有趣的事。

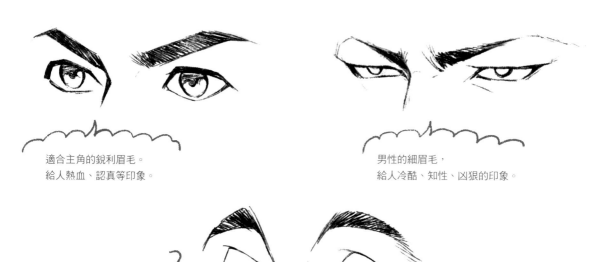

適合主角的銳利眉毛。
給人熱血、認真等印象。

男性的細眉毛，
給人冷酷、知性、凶狠的印象。

下垂的眉毛，
給人沉穩、溫和、親切的印象。

臉部角度造成的形狀差異

眉毛的形狀會根據臉部角度而改變。觀察（真人的）臉部凹凸，以及眉峰的最高點，會比較容易畫出符合角度的眉毛形狀。

[掌握基本形狀]

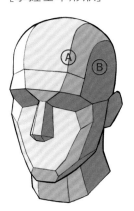

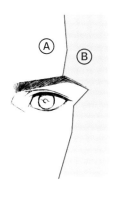

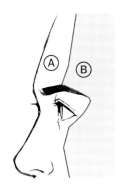

眉毛的轉角處——眉峰正好是臉的正面Ⓐ轉換至側面Ⓑ的交界。請以此為基礎，觀察不同角度下的眉毛形狀吧。

[俯視正面]

貼合臉部曲線

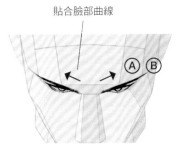

從上往下看，眉峰的部分Ⓑ也會變得平直，而眼睛則往內凹陷。

[俯視側面]

近處的眉峰變得平緩

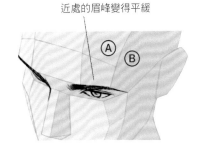

遠處的眉尾會彎進臉的另一側，變得看不見（因此幾乎接近直線）。

[仰視正面]

變寬

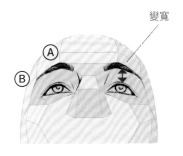

貼合臉的曲線，眼尾看起來是下垂的。與俯視時正好相反，眼睛與眉毛之間的距離會變寬。

[仰視側面]

沿著臉的曲面彎曲

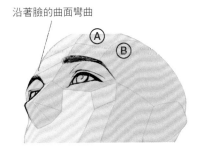

近處的眉峰角度會變得很明顯。遠處的眉尾會彎進臉的另一側，變得看不見（但與鼻子相連的地方不是直線，而是曲線）。

05 了解因比例不同 所造成的形象差異

在「01 了解構成臉部的五官與比例」裡也說明過了，臉部的「最佳比例」基本上是固定的。不論是寫實風還是漫畫風的作品都適用這個道理。但只要以這套基本比例稍做變化，就能改變角色的形象。

眼睛比例的基礎

這裡將根據「01 了解構成臉部的五官與比例」裡所說明的基本原則來描繪女性的臉。眼睛、鼻子與嘴巴的位置都各自符合「1/2」的法則，但輪廓的形狀與眼睛的位置也會影響角色形象。將女性或小孩的骨架輪廓畫得較圓，將男性的骨架輪廓畫得較長，就能呈現更適當的比例。

[一般的臉部比例]

比1/2稍微偏下

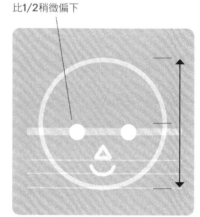

比1/2稍微偏上

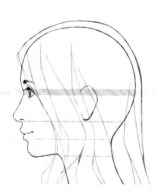
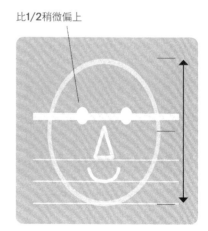

眼睛的位置大致在頭頂到下巴輪廓的一半高度。女性或小孩在一半～稍微偏下的位置，想畫出更成熟的角色或是男性角色的話，擺在稍微偏上的位置就能抓到剛剛好的比例。

不同比例造成的形象差異

剛才也有稍微提到，眼睛位置在臉的一半以上或以下，會改變角色的形象。一半以下會給人年輕、活潑的印象，一半以上則會給人成熟、沉穩的印象。

另外，眼睛的大小也會改變角色給人的感覺，大眼睛給人年輕、活潑的印象，小眼睛則會給人成熟、沉穩的印象。大家可以根據筆下人物的特質來調整這些比例。

[位置造成的形象差異]

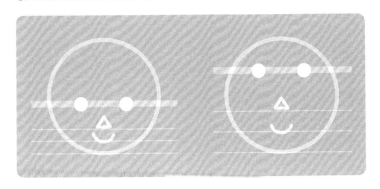

如果眼睛的高度在臉部的1/2以下，就會給人稚嫩的印象；如果眼睛的高度在臉部的1/2以上，就會給人成熟的印象。
1/2的法則也適用於鼻子與嘴巴，所以若眼睛的位置較高，鼻子與嘴巴的位置也要跟著提高。

[大小造成的形象差異]

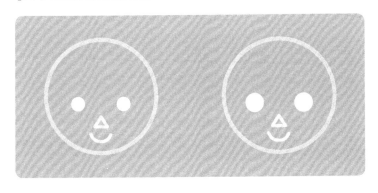

將眼睛畫得大一點，整張臉就會變得更加孩子氣，給人可愛的印象。
即使眼睛的位置不變，光是改變大小，形象就有這麼大的差別！

[比例造成的形象：總結]

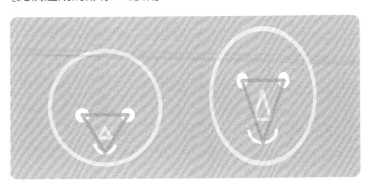

雖然先前有提到，眼睛之間的寬度大約等於一隻眼睛，但如果是小孩或可愛型的角色，有時候也會畫得稍微寬一點。
如果將眼睛與嘴巴連成如圖的三角形，就可以清楚掌握形象的差異。三角形愈扁，五官比例就愈可愛；三角形愈長，五官比例就愈成熟。

06 從寫實風轉換成漫畫風的重點

到目前為止，我們已經學會觀察眼睛與眼周的真實構造。
接下來的篇幅要解說如何將這些知識應用在漫畫風的作品中，
並且增添原創性。

轉換成漫畫風的重點

剛開始學畫畫的初學者中，應該有不少人都會先從臨摹喜歡的插畫作品或動畫、遊戲的角色開始。以入門的起點而言，這是非常正確的方法。不過，稍微開始習慣畫畫之後，我建議大家可以觀察真實的人物，或是試著寫生。如此一來你就會發現：「原來我以前畫的漫畫風人物的這個部分，在真人身上就是這個樣子啊！」進而學習到更多的東西。

●寫實風　　　　　　　　　●漫畫風

要「省略」或「誇大」什麼地方？

各位會發現，漫畫風的作品經常會省略真人身上的某些部分。舉例來說，眼頭有個稱為「淚丘」的粉紅色部位，漫畫風作品就經常「省略」這個部位。不過，如果刻意畫出這個部位，或許就能畫出與他人風格不同的眼睛。另外，將眼瞳的尺寸畫得比實際上還要「誇大」也是一種方法。究竟要保留什麼、去除什麼——嘗試省略或誇大各種部位，就能找出屬於自己的漫畫風技法。

淚丘

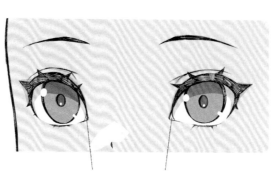

刻意在漫畫風的眼睛中加上這個部位

這是了解真實結構才辦得到的表現方式！

不同於真實人物的詮釋也有必要

為了讓讀者畫出沒有矛盾的作品，本書花了大篇幅解說真人的眼睛形狀，但漫畫風的作品並不一定要忠於實物。相反地，有時候畫得太過寫實反而會讓人感到詭異。這部分的拿捏並不容易，但有些比例特別適合漫畫或平面插畫。

[眼瞳的形狀]

雖然真人的眼瞳是圓形的……

有許多人不會畫成圓形，而是橢圓形（因為描繪起來比較容易取得平衡）。

也有將形狀拉得更長，甚至畫成直線的案例。眼瞳的漫畫風技法有許多種變化。

[眼睛的立體感]

真人的眼睛在某些角度下會與輪廓重疊……

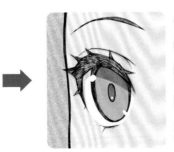

將漫畫風人物的立體感畫得稍微偏弱，以類似人物模型的平面式畫法來描繪，看起來會比較自然。

POINT
以誇大的表現方式而言，最好可以避免過於強調眼球的球狀構造。因為漫畫風人物的眼球通常比真人更大，凸顯球狀構造就會讓眼睛像是快要掉出來似的，看起來很嚇人……。

07 適合以漫畫風表現的3種元素

從寫實風轉換成漫畫風的時候，有3種元素比較容易反映出個人風格（原創性）。這3種元素就是「虹膜」、「睫毛」、「亮部」。本章節將針對這3種元素的漫畫風技法加以解說，發掘出更多的可能性。

漫畫風元素1：眼瞳（虹膜）

眼瞳（特別是虹膜）的描繪方式因人而異，有各式各樣的變化，自由構思屬於自己的畫法也是很有趣的過程。構成眼睛的部位已經在「02 了解眼睛與眼瞼的構造」中說明過了，但以下會連同漫畫風的畫法一起替各位做複習。

[眼瞳（虹膜）的表現方式]

● 寫實風的眼睛　　　　　　　　　　● 漫畫風的眼睛

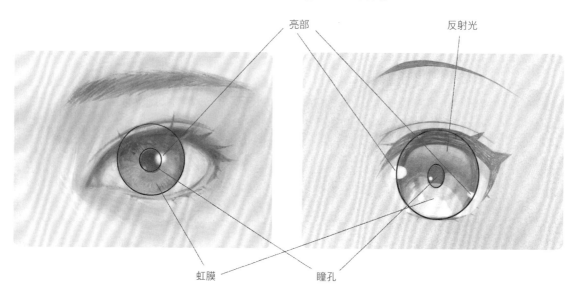

亮部　　　　　　　　　反射光

虹膜　　　　瞳孔

要凸顯虹膜到什麼程度是因人而異。這個範例比較貼近真人的眼睛，將虹膜描繪成放射狀。虹膜中還畫上了瞳孔、亮部與反射光，使用不同的組合方式就能為作品增添原創性。

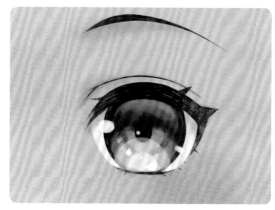

眼瞳（虹膜）的各種變化

以下將介紹幾種眼瞳（虹膜）的表現方式。

[模糊輪廓]

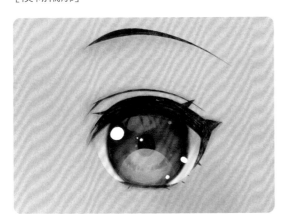

將眼瞳（虹膜）的輪廓暈開的畫法。近年來經常能見到這種不明確畫出眼瞳輪廓的表現方式。這種畫法不會過度凸顯角色特質，而且能賦予神祕的形象。

[點綴許多亮部]

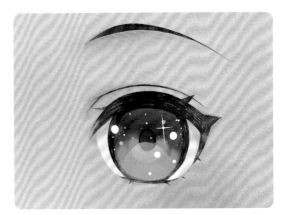

利用亮部來讓眼睛有星空般的質感，呈現閃閃發亮的感覺。使用「覆蓋」或「發光」的混合模式來加強對比，使色彩更鮮豔。將虹膜的上下兩端畫得比較明亮就能帶出透明感。

[鑽石切割般的表現方式]

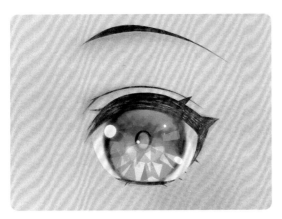

將寶石般的光芒與鑽石切割般的幾何圖案組合起來的範例。因為這樣的表現方式比較脫離現實，所以能進一步凸顯角色特質與性格，畫出吸引讀者目光的眼瞳。

POINT

試著改變瞳孔

配合虹膜的畫法來改變瞳孔的形狀也很有意思。真人的瞳孔雖然會有大小的變化，形狀卻固定為圓形。如果在這個地方加上不同的形狀，就能「放大」人物的感情或角色特質。

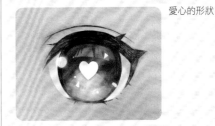

愛心的形狀

細長的形狀

漫畫風元素2：睫毛

真人的睫毛是許多毛髮的集合體，從正面看起來，眼尾處的睫毛會特別濃密。描繪漫畫風人物的時候，畫出這個集合體的輪廓比較能加強眼睛給人的印象。效果就像化妝時的眼線，會讓眼睛變得更大也更有神。其中包含許多不同的表現方式，例如填滿輪廓，或是畫出束狀的睫毛。

[描繪睫毛時的重點]

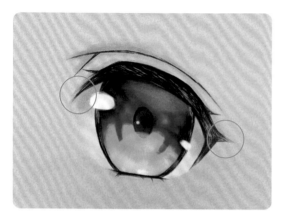

在睫毛的兩端畫上明亮的顏色（加上膚色），就會讓眼睛看起來更柔和。

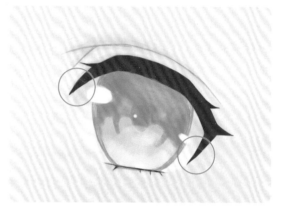

將兩端的線條畫得比較稀疏（表現束狀感）就會更自然，使眼睛能融入臉部。下睫毛也可依個人喜好加以省略。

[不同的睫毛畫法]

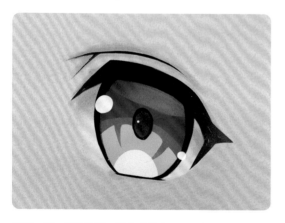

省略一根一根的睫毛，將整體輪廓塗滿，畫得乾淨俐落的版本。將上睫毛的尖角畫得更不明顯，就會變成男性化的眼睛。

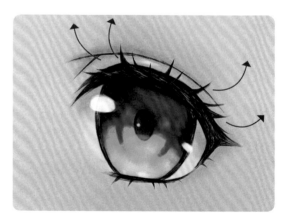

使用比較斑駁的筆觸來上色，然後畫出幾束睫毛的版本。為睫毛間距加上變化，並且分散成放射狀，就能畫出自然的眼睛。

如何畫出比例良好的睫毛（眼線）

決定眼睛形狀的上睫毛是一道和緩的曲線，但和緩的曲線容易失去平衡，是一種難以描繪的形狀。若是不擅長勾勒形狀的人，建議不要一次全部畫完，而是分成如圖的三個部分，先調整好比例再重新畫成曲線。接著就來看看實際的畫法吧。

[基本的圓眼睛]

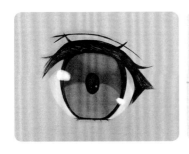
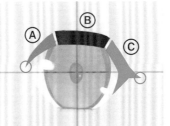

將睫毛區分為 Ⓐ（眼頭）、 Ⓑ（連接眼頭與眼尾的線條）、 Ⓒ（眼尾）的三個部分。

兩端的位置很重要，所以請先決定這兩個點。眼尾（雖然也跟個人喜好有關）基本上是在中央稍微偏下的位置。

[細長的眼睛]

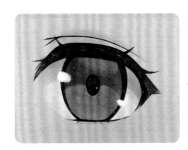
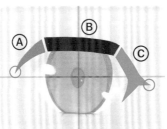

想畫出稍長的眼睛時，Ⓐ與Ⓒ跟基本畫法相同，只拉長Ⓑ的部分。

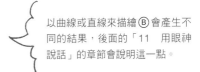

以曲線或直線來描繪Ⓑ會產生不同的結果，後面的「11　用眼神說話」的章節會說明這一點。

[垂眼]

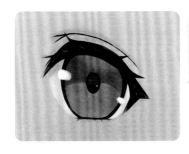
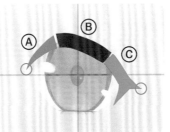

Ⓐ與基本畫法相同，將Ⓒ的眼尾處畫得明顯比中央更低。
Ⓑ單純只是連接Ⓐ與Ⓒ。

[鳳眼]

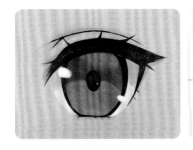
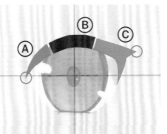

與垂眼相反，將Ⓐ的眼頭處降低，將Ⓒ的眼尾畫在高於中央線的位置。
Ⓑ單純只是連接Ⓐ與Ⓒ。

漫畫風元素3：亮部

大幅改變眼睛特徵的第3個元素就是亮部。亮部是光經過反射所產生的明亮之處，在眼睛或頭髮等表面光滑的東西上都能看到。只要了解實際的亮部與反射是如何產生的，自由發揮時就能畫出沒有矛盾的作品，這裡將會解說其原理。

[亮部的有無]

●無

●有

> 包含反射光等光源在內，
> 眼睛裡會映照著
> 來自各種方向的光。
> 因為眼珠是濕潤的，
> 容易反射光線，
> 如果能妥貼描繪出這些光線
> 就能畫出栩栩如生的眼睛。

[亮部的產生方式]

有光反射的地方就會形成亮部。描繪眼睛的亮部時，參考玻璃珠或小鋼珠等球體受光的樣子會比較容易理解。亮部的位置會取決於光線的方向、反射光線的物體（這次的例子是角色的眼睛），以及觀看者（也就是繪畫者）的相對位置。

●一個光源

●多個光源

●光源在正前方

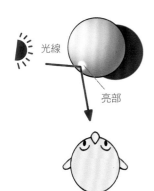

光線

亮部

有室內燈光
等多個光源的
情況下

如果觀看的方向
與光線的方向相同
則亮部位於中央

POINT
亮部並不是非畫不可。即使沒有亮部，也有人能畫出迷人的眼睛。只畫在一個地方，或是如繁星般閃爍，甚至畫上各種顏色的亮部，都是創作者用來表達個人特色的方式。在本書的PART 2分享繪圖過程的插畫家們也都有各種不同的亮部畫法。請大家一定要多多嘗試，找出專屬自己的畫法。

秋赤音（P72）

SPIdeR.（P130）

湖木マウ（P150）

亮部以外的倒影

除了亮部以外，如果也能同時描繪倒影，就能畫出更加閃閃發光的眼睛。想讓自己筆下的眼睛更閃亮的時候，有了這些知識就能派上用場。

球體的上半部會反射來自上方的光線。如果地點是在室外，這裡就會反射天空的藍色。而下半部會反射來自下方的倒影（地板或桌面等等）。畫上背景中的東西，或是與背景色的色調相同的反射光，就能為作品賦予空氣感。

反射了睫毛的陰影與窗框。
畫上窗外露出的藍天，就能營造寫實的氛圍。

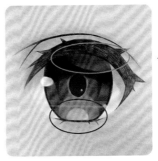

漫畫風作品也是一樣的道理。想要簡化的時候，可以省略窗框等倒影的形狀，只畫上反射光的顏色。

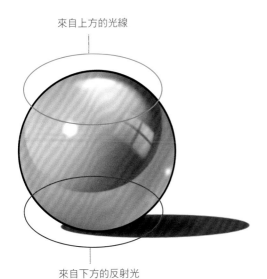

來自上方的光線

來自下方的反射光

POINT
倒影不只出現在眼瞳裡，也會出現在眼白的部分。想畫出寫實或具透明感的眼睛時，請試著意識到這一點。

08 各種眼型

眼型有鳳眼或垂眼等各種不同的類型。這裡將介紹最具代表性的6種眼型特徵。
每一種眼型代表的角色性格與氣質都不同，
請找出喜歡的眼睛類型，試著融入自己的作品中吧。

標準眼型

標準的眼型沒有特別突出的特徵，但也因為它中規中矩，所以能給人「好親近」、「容易投射感情」的印象。因此，這種眼型很適合沒有距離感的主角。除此之外，它也很適合搭配各種世界觀的髮型與服裝。

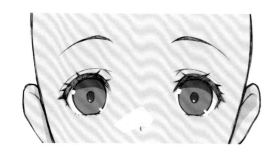 

[眼睛的形狀]

P27「如何畫出比例良好的睫毛（眼線）」的章節也已經說明過，但還是來複習一下眼睛形狀的特徵與畫法吧。雖然並沒有特別的規定，但這裡會介紹基本的比例。

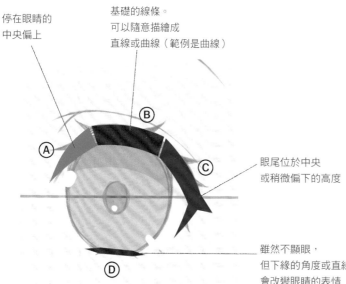

停在眼睛的中央偏上 Ⓐ

基礎的線條。
可以隨意描繪成
直線或曲線（範例是曲線） Ⓑ

眼尾位於中央
或稍微偏下的高度 Ⓒ

雖然不顯眼，
但下線的角度或直線、曲線的變化
會改變眼睛的表情 Ⓓ

標準眼型的各種角度

垂眼

眼角下垂的垂眼是溫柔穩重的大姐姐角色常用的眼型。這種眼型容易給人稍偏成熟的印象。將眼睛與眉毛的距離拉長，溫和的形象就會更明顯。舉例來說，這種眼型很適合偏白的膚色和長髮，以及造型樸素的服裝。

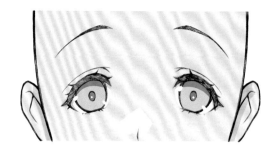

[眼睛的形狀]

這部分的作用是連結
眼尾大幅下垂的 Ⓒ 與 Ⓐ。
呈現和緩的曲線

與標準眼型相同，
停在眼睛的中央偏上

Ⓐ Ⓑ Ⓒ Ⓓ

位置比中央
低了許多

重點是畫出
稍微往右下垂的
線條

POINT

想把眼睛畫得更垂的時候……

想畫出更加下垂的眼睛時，該怎麼做才好呢？常有人會因此把眼尾畫得更低，但這麼做會會破壞眼睛的比例。想要把眼睛畫得更垂的時候，可以把眼瞼（Ⓑ 的線條）畫得更低，而不是從眼尾著手。

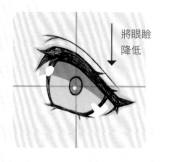

將眼瞼
降低

輪廓就像這種形狀。

垂眼的各種角度

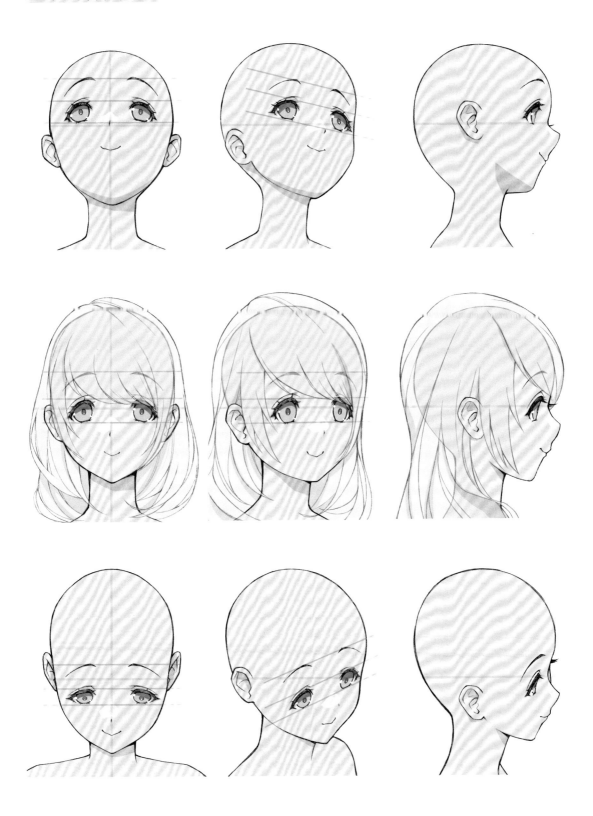

圓鳳眼

眼睛的整體輪廓偏圓，而且眼角上揚的圓鳳眼給人一種「很有活力」、「行動力強」的印象。因此，它很適合擅長運動或格鬥的動作型角色。舉例來說，這種眼型很適合小麥色的肌膚和短髮，以及運動風的服裝。

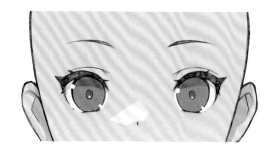 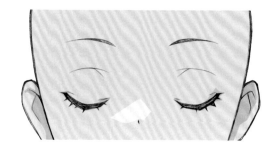

[眼睛的形狀]

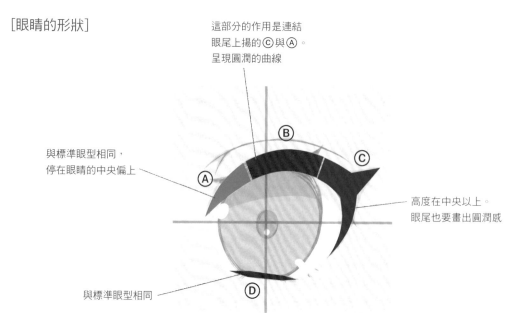

這部分的作用是連結眼尾上揚的ⓒ與Ⓐ。呈現圓潤的曲線

與標準眼型相同，停在眼睛的中央偏上

高度在中央以上。眼尾也要畫出圓潤感

與標準眼型相同

試著搭配不同造型的眉毛吧

圓鳳眼是很適合活潑角色的眼型，所以也可以畫上粗眉毛，強調天真爛漫又充滿活力的形象！

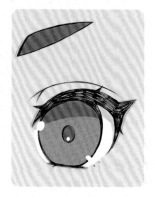

圓鳳眼的各種角度

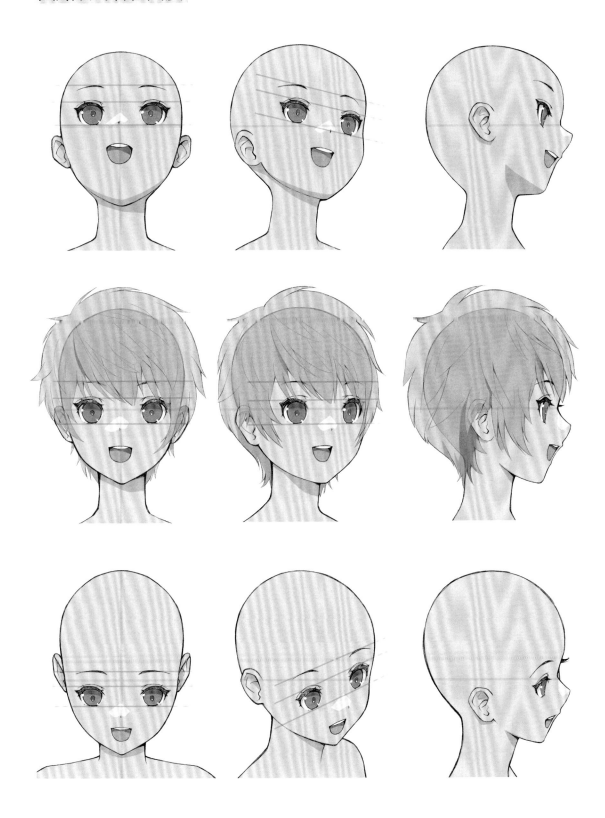

鳳眼

眼睛的整體輪廓會俐落地往上翹起，所以鳳眼給人「成熟」、「強勢」、「冷酷」等印象。這類型的角色通常不會有太多表情變化，遇到什麼事情都不為所動。因為眼神很銳利，所以也很適合遮住單邊眼睛的髮型。

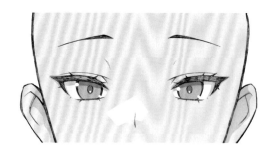
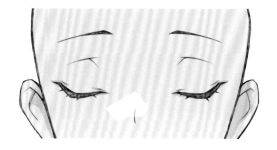

[眼睛的形狀]

這部分的作用是連結眼尾上揚的ⓒ與Ⓐ。
ⒶⒷⒸ呈現一條朝眼尾上揚的平滑直線。
這條線愈直，眼神愈銳利

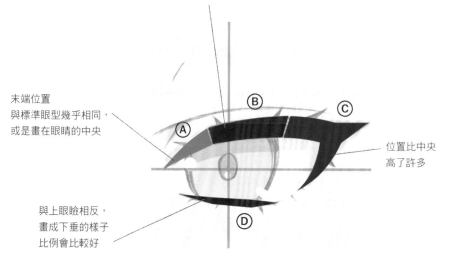

末端位置
與標準眼型幾乎相同，
或是畫在眼睛的中央

位置比中央
高了許多

與上眼瞼相反，
畫成下垂的樣子
比例會比較好

POINT

不同的表現方式

鳳眼的形狀很適合搭配較小的眼瞳。比起一般的畫法，這樣會使角色顯得更成熟。只不過，把眼瞳畫得太小就會變成凶惡的眼神，請注意！

鳳眼的各種角度

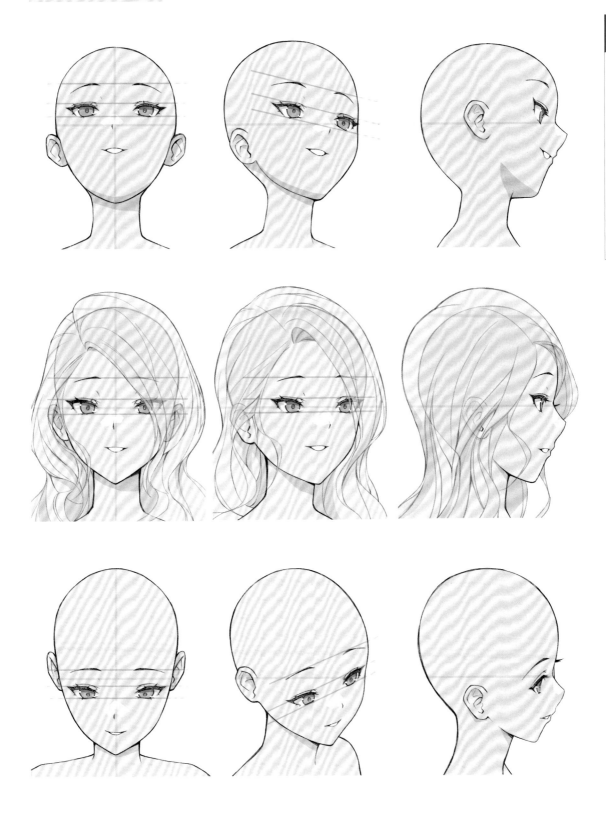

圓眼

眼睛整體的輪廓都圓滾滾的眼型。它會給人「孩子氣」、「開朗」、「陽光」等印象。這種眼型很適合表情變化多端、容易把感情寫在臉上的角色。就算搭配鮮豔的髮色或服裝顏色也不會顯得突兀。

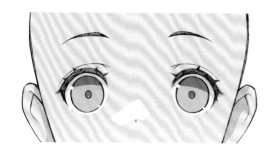

[眼睛的形狀]

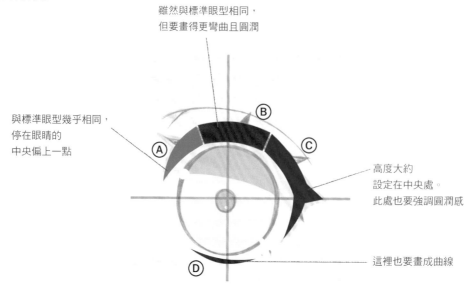

雖然與標準眼型相同，但要畫得更彎曲且圓潤

與標準眼型幾乎相同，停在眼睛的中央偏上一點 Ⓐ

Ⓑ Ⓒ

高度大約設定在中央處。此處也要強調圓潤感

這裡也要畫成曲線

Ⓓ

POINT

描繪的重點

圓眼因為眼瞳很大，所以容易變成不知道在看哪裡的機械化表情。正面特別容易給人這樣的印象。

為了防止這種情況發生，可以讓眼瞳或瞳孔偏向目光的方向，而不是放在眼睛的中心。在這個範例中，瞳孔會稍微偏向臉部的中央（鼻子）。

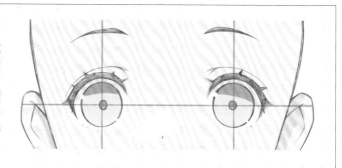

圓眼的各種角度

半睜眼

半睜眼給人「我行我素」、「性格偏執」等印象。看起來似乎很睏的表情讓人猜不透在想什麼,所以也帶著某種神祕感。這種眼型的輪廓很特殊,被瀏海遮住就有可能給人沉重又陰暗的印象,所以如果想要畫成開朗的角色,建議可以搭配較短的瀏海或是無瀏海等露出額頭的髮型。

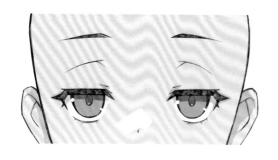 

[眼睛的形狀]

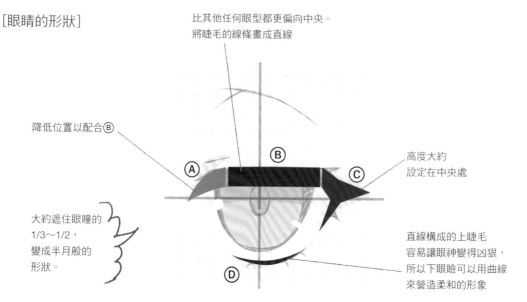

比其他任何眼型都更偏向中央。
將睫毛的線條畫成直線

降低位置以配合Ⓑ

高度大約
設定在中央處

大約遮住眼瞳的
1/3～1/2,
變成半月般的
形狀。

直線構成的上睫毛
容易讓眼神變得凶狠,
所以下眼瞼可以用曲線
來營造柔和的形象

POINT

不同的表現方式

因為半睜眼本身就是非常漫畫風的表現方式,所以適合同樣很有漫畫風的眼瞳。舉例來說,可以跟描繪鳳眼時相同,把眼瞳畫得更小也更細長。這麼一來,神祕感就會更加強烈。

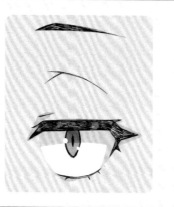

半睜眼的各種角度

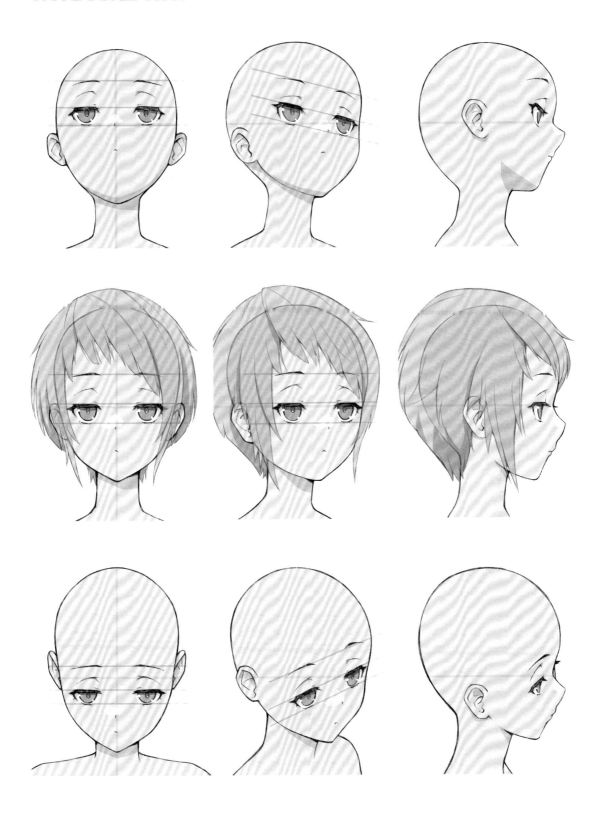

09 基本的眼睛畫法（正面）

了解眼睛的構造與漫畫風技法的重點之後，現在來實際畫畫看眼睛吧！這裡將介紹基本的眼睛畫法，但這並不是唯一的方式。不過，其中列舉的畫法很適合初學者嘗試，請試著動筆看看。

1 完成圖

這次要畫的是這樣的女孩。描繪的訣竅是先著重於「大小」、「方向」等重點，而非一次就全部畫好。

繪畫的流程因人而異，但大多數人會遵守①骨架（粗略地畫出整體形狀）、②草稿（修飾細部形狀）、③描線（描出線稿的線條）、④上色（底色～正式上色）的流程。這次，我會在骨架～描線的步驟講解整張臉的比例，並從上色的步驟開始聚焦在眼睛上。

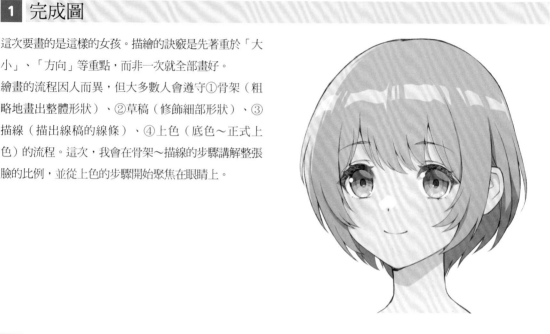

2 描繪骨架

為了描繪準確的比例與形狀，首先要抓出大概的樣子。這就叫做「骨架」。這個階段不必畫得多麼精細，只要粗略地畫出比例，可以看出五官的位置、大小和方向就夠了。請將前面的篇幅所說明的眼睛之間的寬度、鼻子與下巴的1/2法則等知識應用在這個地方吧！

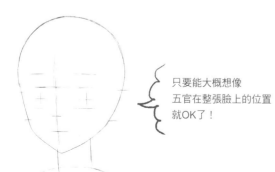

只要能大概想像
五官在整張臉上的位置
就OK了！

3 描繪草稿

畫好決定全臉比例的骨架之後,接下來要進入描繪五官細節的草稿階段。請以骨架的線條為標準,畫上眼睛、眉毛、鼻子與嘴巴。

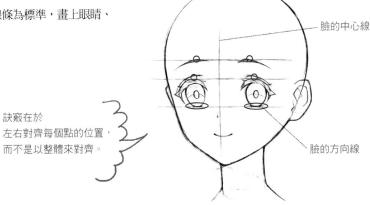

臉的中心線

訣竅在於
左右對齊每個點的位置,
而不是以整體來對齊。

臉的方向線

4 描線

「描線」是將草稿的線條畫成乾淨線稿的步驟。如果是數位繪圖,使用黑色以外的顏色來描繪步驟3的草稿,並且降低不透明度,描線起來會比較容易。從草稿的線條中選擇最適當的線條,逐步完成線稿。

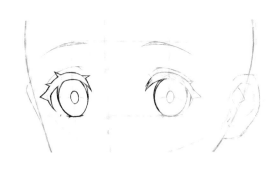

線稿完成

POINT

線稿可以全部畫在同一個圖層中,但如果將頭髮、輪廓、眉毛、眼睛……等部分區分在不同的圖層,事後要再更換顏色或修改時會比較方便。

用顏色將區分圖層的部位標示清楚的樣子。

5 塗滿底色

將每個部位塗滿底色，決定基礎配色。建議跟線稿一樣，用圖層來區分不同部位的底色，方便事後調整（左圖）。

眼白的部分沒有線條的輔助，所以如果覺得不好塗色，可以在上色的圖層用同樣的顏色補上眼白邊緣的線稿，然後再用油漆桶就能快速填滿顏色。另外，只要將眼白的邊緣稍微暈開，就能自然地融入肌膚。

區分圖層的示意圖

底色完成

6 描繪陰影

在底色圖層上方新增圖層，建立剪裁蒙版。在這個圖層描繪陰影。如果不新增圖層，而是在底色上直接描繪陰影，使用「鎖定透明圖元」等功能就不會超出範圍，十分方便。

為眼瞳畫上深一階的陰影。將上半部畫成較深的顏色，比較容易表現眼睛的透明感。

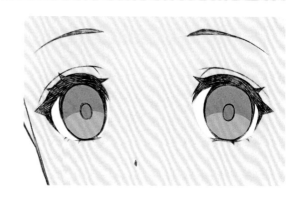

7 描繪更深的陰影

為瞳孔塗滿更深一階的顏色。將瞳孔畫得清晰，眼神就會更明確。

我也用同樣的顏色在瞳孔周圍畫上了線條，表現虹膜的質感。

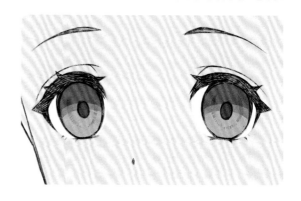

8 將眼瞳下半部加亮

為了進一步加強眼瞳的透明感，要將眼瞳的下半部加亮。新增圖層，並且將混合模式設定為「濾色」，然後畫上明亮且鮮豔的顏色（本範例使用的是亮黃色）。如果覺得顏色太亮，可以更改圖層的不透明度。眼睛的質感就會漸漸變得更加清澈了。

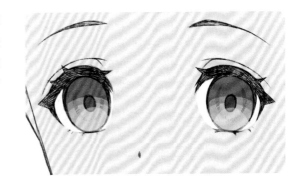

POINT

順帶一提，能夠加亮顏色的混合模式除了「濾色」以外，「覆蓋」、「相加（發光）」等模式也很常用。各位可以嘗試各種圖層效果，確認每一種模式的外觀　　差異。這類效果比起全部套用，只套用在特定部分會比較有變化。

9 在眼白處也描繪陰影

睫毛與眼瞼造成的陰影不只出現在眼瞳中，也會出現在眼白的部分，所以要順著眼瞳上半部的陰影形狀，也在眼白的上半部描繪出陰影。圖中也畫上了頭髮的陰影等細節。

10 描繪亮部與反射光

在線稿的圖層上方新增亮部與反射光的圖層。這時也可以使用「濾色」或「相加（發光）」等混合模式。

以稍微蓋過線稿的方式上色（描繪），就能加強透明感的呈現。

亮部（白）

反射光的顏色要考慮到周圍的環境設定再選擇。

反射光
（使用天空的藍色）

反射光
（用亮黃色描繪來自下方的光線）

雖然到了步驟10就可以算是大功告成，但最後要介紹提高品質的小技巧。

第一個技巧是更改線稿的顏色。如果線稿的顏色都是黑色，容易給人厚重的印象。如果將睫毛兩端與下睫毛改成褐色等較亮的顏色，線稿的邊緣會比較容易與肌膚相融，增添輕盈感。

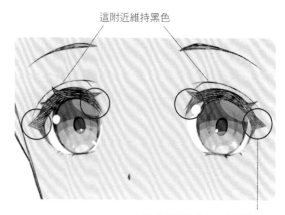

這附近維持黑色

在睫毛的兩端畫上明亮的褐色，增添輕盈感

第二個技巧是針對頭髮蓋住的睫毛與眉毛營造「深度」。首先單獨選取眼睛與眉毛的線稿，複製到新圖層。把圖層移動到頭髮的顏色上方，建立剪裁蒙版。接著，更改複製了眼睛與眉毛線稿的圖層的不透明度，調整成偏好的濃度就完成了。除此之外，針對被頭髮遮住的部分更改色調也是一個方法。

疊在頭髮的上色圖層上方並調整不透明度，營造深度

常見的錯誤案例與解決方法

[眼睛的大小和位置就是畫不好！]

左右兩眼的比例
看起來有點怪怪的……。

無法順利畫好眼睛的大小與位置時，只要確實畫上骨架的「輔助線」，畫起來就會更整齊。在這個範例中，眼睛的上下緣不符合輔助線，所以看起來才會歪歪的。請參考輔助線，對齊底部吧。

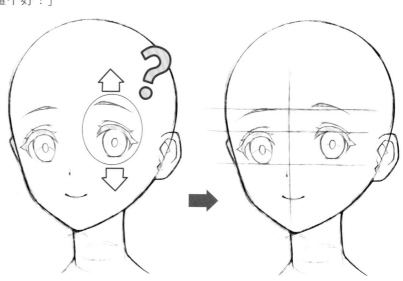

[左右眼睛的形狀不一樣！]

一邊是鳳眼，
一邊是垂眼……。

如果左右眼睛畫出來的形狀不一致，慢慢地同時描繪雙眼會比較容易取得平衡。

以圖片為例，先畫好右眼的①（綠色）部分之後，再畫出左眼的①（綠色）部分。接著畫好右眼的②（紅色）部分之後，再畫出左眼的②（紅色）部分。這就是區分左右眼睛的同樣部位，並同時描繪的方法。如此描繪就可以同時看著左右眼睛，並能在掌握比例的情況下完成作品。按照①→②→③→眼瞳→下睫毛的順序去描繪，畫起來會比較容易。

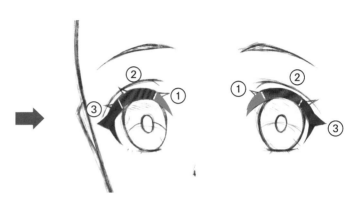

[眼神亂飄！]

好像有看鏡頭，
又好像沒有看鏡頭……。

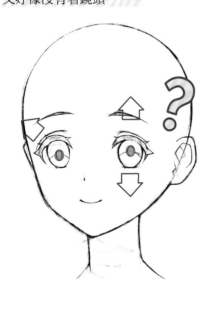

眼睛並不是面向正前方，而是稍微帶著一點角度的情況下，眼睛看著不對的方向，或是遠處的眼睛視線特別歪，都是經常出現的錯誤案例。如果遇到這種問題，我建議使用輔助線來修正瞳孔的位置。需要注意的是，遠處眼睛的瞳孔並不在眼瞳的中央，而是稍微偏向鼻子。

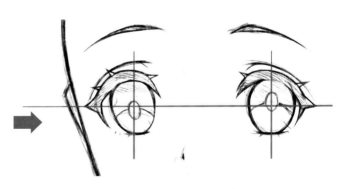

拉出輔助線，就能清楚辨識歪斜

將瞳孔畫在十字交會處，
眼神就能聚焦了。

摸索眼瞳與眼白的比例

描繪眼睛的時候，眼瞳與眼白的比例也是很重要的。「02 了解眼睛與眼瞼的構造」章節中也有提及，基本上真人的眼瞳上緣會被上眼瞼稍微遮住，下緣則幾乎不會被遮住或是稍微遮住，這樣看起來比較自然。

描繪漫畫風人物的時候，只要遵守與真人眼瞳一樣的比例，就能畫出穩定的成品。不過，漫畫風的表現方式即使稍微誇大一點也不至於突兀，所以大家可以嘗試描繪自己喜歡的比例。

● **寫實風的比例**

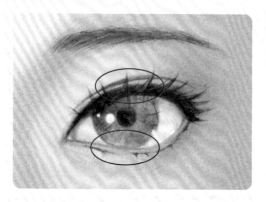

寫實風的作品中，被上眼瞼遮住的範圍較多，下緣則幾乎可以看到全部的眼瞳。

● **漫畫風的比例**

看起來最穩定的比例。要畫大眼睛的時候，這個比例是最適當的。

下眼瞼與眼瞳之間稍微保留空間的比例。這種表現方式比較接近真人的眼瞳，看起來更成熟。

將眼瞳畫得明顯比真人還要小，增加眼白的範圍，就會變成驚訝或錯愕的表情。

非常漫畫風的比例。真人只有在睜大眼睛時會變成這個樣子，但在漫畫風人物身上，這樣的表現手法屬於正常的範圍內。

10 從側面描繪眼睛時的重點

從這裡開始,我將針對正面以外的眼睛角度,介紹基本的觀察方式、思考方式與重點。上色方式與描繪正面的眼睛沒有太大的不同,所以予以省略,主要講解的是描繪形狀時需要注意的地方。

側臉的眼睛

側臉的比例正如P9「從側面觀看的臉部」所解說的內容中可以知道,臉的寬度非常狹窄,後腦杓占據了大部分的空間。眼睛與嘴巴等五官集中在扁平的空間中,眼睛則位於前方。與鼻子或嘴巴之間的比例就跟正面臉部的相對位置是相同的。另外,畫上另一側的睫毛可以表現出臉的立體感。

[最基本的眼睛位置]

臉的空間

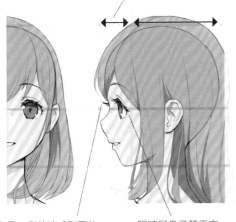

畫上另一側的睫毛則更佳

眼睛與鼻子等五官集中在平緩的曲面上

●常見的錯誤案例

明明是側臉,卻畫成正面的眼睛……這是很常見的錯誤案例。請掌握以下的重點,試著描繪出正確的側臉眼睛吧!

[描繪時的重點]

畫法有以下三個重點。
①眼瞼與眼球會變成一半
②眼睛的幅度會變窄
③眼球有弧度

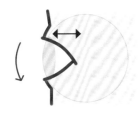

如果在漫畫風人物身上過度強調弧度,就會顯得不自然,所以只要畫成稍彎的曲線就可以了。

閉上眼睛的時候,眼瞼會蓋住眼球,所以一樣會帶有弧度。

仰視的眼睛

從下方往上望的角度稱為「仰視」。這個角度很適合帶著希望、勇氣或堅強意志的表情。如果畫得太接近真人，有時候會顯得很詭異，以下就來看看繪圖上有哪些重點吧。

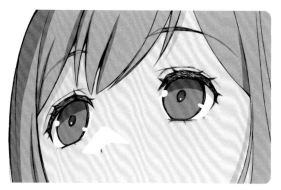

[掌握方向與五官的位置]

與正面的臉部畫法相同，以直的輔助線來掌握相對位置，畫起來就會更輕鬆。臉部實際上是由曲面構成，但要馬上學會畫出曲面上的形狀是很困難的，所以請拉出有透視效果的直線來當作輔助線吧。

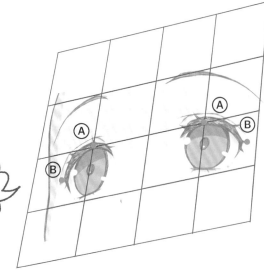

在直線上對齊睫毛的頂點Ⓐ、眼尾Ⓑ的位置，畫出相對的點，然後連接起來，形成眼睛的形狀。眉毛的兩端也要對齊。

[理解形狀的變化]

因為仰視是從下往上望的狀態，所以與繪畫者的目光互相垂直的面看起來是普通的樣子，但傾斜的面看起來會變小。換句話說，就像這張圖一樣，眼睛與眉毛的距離會變寬，眼睛本身看起來則會變得比較小。

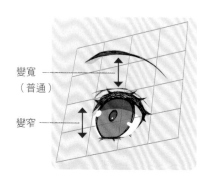

變寬（普通）

變窄

●仰視

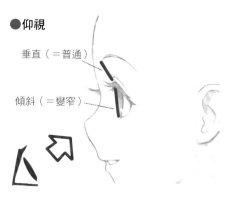

垂直（＝普通）

傾斜（＝變窄）

POINT

以下的原則是以真人為基準，所以根據畫風的不同，其實不一定要遵守——在仰視的情況下，上眼瞼的曲線會比正面臉部更明顯，睫毛看起來也更長。相反地，下眼瞼的曲線會變得平緩，很接近直線。

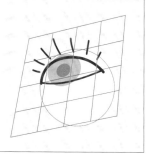

●正面

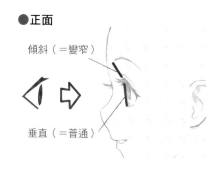

傾斜（＝變窄）

垂直（＝普通）

俯視的眼睛

與仰視相反，從上方往下望的角度稱為「俯視」。這個角度能凸顯睫毛，很適合正在煩惱、沉思，或是感到寂寞的表情。這裡將介紹與仰視共通的繪畫重點。

[掌握方向與五官的位置]

與仰視相同，使用有透視效果的直輔助線來掌握相對位置。在直線上對齊睫毛的頂點Ⓐ、眼尾的位置Ⓑ，畫出相對的點，然後連接起來，形成眼睛的形狀。

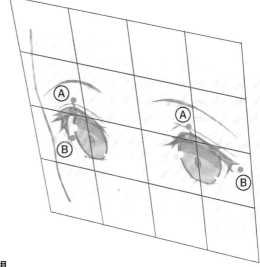

[理解形狀的變化]

因為俯視是從上往下望的狀態，所以與繪畫者的目光呈現相同角度的Ⓐ面看起來會相當狹窄。另外，因為眼睛本身也是傾斜的，所以會變得比較小，這就是俯視的特徵。

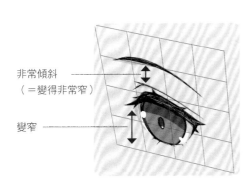

非常傾斜
（＝變得非常窄）

變窄

●俯視

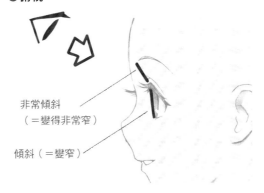

非常傾斜
（＝變得非常窄）

傾斜（＝變窄）

POINT

俯視與仰視相反，上眼瞼的曲線較平緩且接近直線，下眼瞼的曲線則很明顯。另外，這個角度本來會大幅凸顯睫毛，但這次示範的畫風不適合太寫實的睫毛畫法，所以只有增加眼頭處的睫毛。大家可以自行拿捏寫實風與漫畫風的平衡，配合自己的畫風，嘗試使用各種不同的畫法。

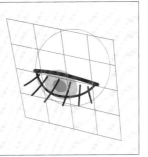

11 用眼神說話

從這裡開始，我將介紹描繪喜怒哀樂等各種眼睛與表情的重點。在先前介紹眉毛的章節中也有提到，透過繪畫來表達感情的時候，最好可以將自己的感覺放大1.5倍，覺得「會不會太誇張了？」的程度才是剛剛好的。

笑容

來看看露出笑容時的臉部動態吧。眉毛與上眼瞼會呈現平緩的曲線。另外，上眼瞼會稍微降低，下眼瞼則會抬高，所以眼睛會瞇起來，形成朝上的弧度。

[露出笑容時的臉部動態]

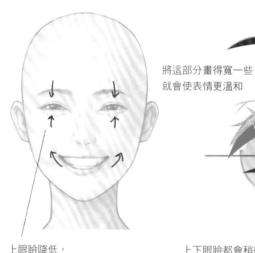

平緩

將這部分畫得寬一些
就會使表情更溫和

往上抬高

上眼瞼降低，
下眼瞼抬高

上下眼瞼都會稍微閉起。
下眼瞼的動態特別重要，
所以只移動下眼瞼，
也能畫出笑臉

[如果畫成漫畫風……]

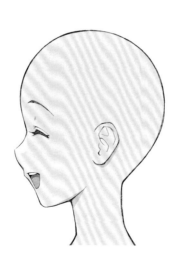

眼睛與眉毛
基本上不太會用力

輕輕微笑的時候，
眼睛不太會瞇起

[笑容的各種變化]

光是為臉頰
加上紅暈
就能改變形象

改變
眼睛曲線的頂點,
就能畫出
垂眼與鳳眼的不同。
描繪時可以配合角色
做出不同的變化

憤怒

擺出生氣的表情時，眼睛與眼睛之間會用力，形成皺紋，甚至使眼睛變形。眉毛的眉頭那一側會降低，就像是被壓扁似的，失去弧度。

[憤怒時的臉部動態]

朝藍色箭頭的方向
用力

弧度消失，
眉頭下降

上眼瞼
會像鳳眼一樣，
變成直線狀

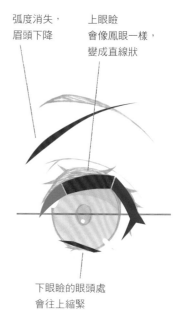

下眼瞼的眼頭處
會往上縮緊

[如果畫成漫畫風……]

眉毛變成
倒八字形

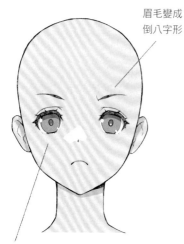

上眼瞼變平
而貼近直線

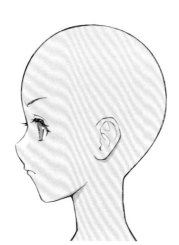

想表現強烈的憤怒時，
可以大幅移動眉毛。
就算讓眉毛蓋過眼睛
也OK！

POINT
憤怒的眉毛輪廓有弓形（左）與倒彎形
（右）。接近直線的彎曲方式比較有憤怒
的感覺。

 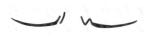

［憤怒的各種變化］

較粗的眉毛
更容易表現
憤怒的表情

俯視的角度
會使眼睛與眉毛的
距離縮短，
所以很適合憤怒的表情

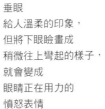

將眼瞳畫得更小，
就能呈現凶狠、
冷酷的感覺

垂眼
給人溫柔的印象，
但將下眼瞼畫成
稍微往上彎起的樣子，
就會變成
眼睛正在用力的
憤怒表情

悲傷

哭泣的臉最大的特徵在於眉頭的用力方式。眉毛會用力往上翹，與生氣時相反，呈現八字形。悲傷的眉毛形狀也可以應用在「傷腦筋」或「沉思時」的表情。

[悲傷時的臉部動態]

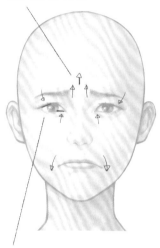

眉頭用力往上翹起，
使眉毛呈現八字形

眼睛看似沒什麼變化，
但上眼瞼會朝眼尾下降成直線，
下眼瞼則往上抬起。
因此呈現稍偏垂眼的狀態

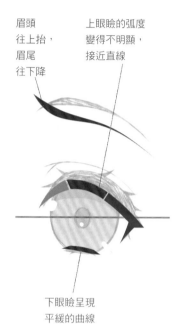

眉頭
往上抬，
眉尾
往下降

上眼瞼的弧度
變得不明顯，
接近直線

下眼瞼呈現
平緩的曲線

[如果畫成漫畫風……]

上眼瞼的線條
變得較偏直線

將眉毛畫成明顯的曲線，
並改變眉眼之間的距離，
就能改變人物給人的感覺

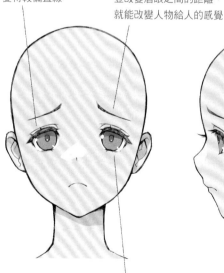

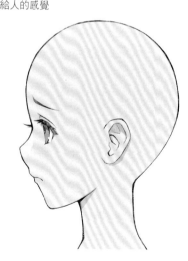

下眼瞼要稍微往上彎。
畫得太彎就會變成笑臉，請注意！

畫上眼淚就會變成哭臉

[悲傷的各種變化]

眼神往旁偏移，
就會變成不安
或是沒自信的表情

讓下眼瞼稍微
往上彎起，
就能畫出
強忍眼淚的表情

描繪緊閉的眼睛時，
將雙眼皮的線條
畫成直線狀，
就能表現
用力的樣子

依照眼睛閉起的程度
可以表現出各種
悲傷的感情

眼淚的畫法

本章節將進一步介紹詮釋悲傷表情的「眼淚」的基本畫法。因為眼淚是透明的水滴，所以主要是藉著描繪亮部的方式來表現清澈感。除了眼淚以外，這種技法也能應用在汗水等液體上。

[水滴的基礎畫法]

①
使用比膚色更深的顏色，畫出眼淚的輪廓。

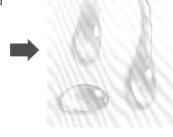

②
在上方疊加亮部、水滴的陰影、穿透水滴的光等等，表現出透明感與水珠感這樣子就完成了。但目前的狀態不適合搭配漫畫風的人物，所以眼淚也要畫成漫畫風。

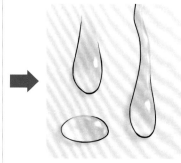

③
用線稿描繪眼淚的輪廓。重點是不要將所有輪廓都用線條框起來。如果全部框起來，就會失去水的質感。
另外，線條也要畫得細一點。顏色不一定要使用黑色，可以依自己的喜好嘗試不同的顏色，例如白色、水藍色、灰色等等。

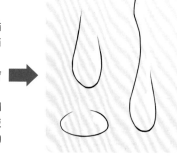

④
用白色畫上亮部就完成了。較小的淚珠不要畫亮部，用白色塗滿會比較好。上方的哭臉範例中，累積在眼眶的眼淚只畫了亮部，滴下來的部分則全部用白色塗滿。

[搭配眼睛的眼淚繪畫重點]

① 為了表現濕潤的質感，眼瞳必須畫上較多的亮部。將邊緣畫成有些模糊的樣子也可以。

② 這是眼睛滲出眼淚的狀態。將眼淚的線稿與顏色統整在別的資料夾中，並且放在眼睛上方，就能畫出透出線條的清澈淚珠。

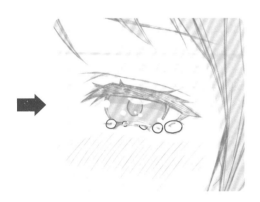

③ 將累積的眼淚畫成相連的水珠，看起來會比較漂亮。稍微泛淚的情況下，只在眼尾處畫一滴淚就足夠了。

④ 流出眼淚的位置如圖，通常有三種方向。實際上描繪的時候，選擇其中一種方向即可。

[流淚的表現方式]

畫出飛散的淚珠就能呈現更戲劇化的氛圍

這道眼淚是從上述的ⓒ位置流出

眼淚會沿著臉頰的弧度流動，流過臉頰後累積在下巴

驚訝

驚訝表情的特徵是眼睛和嘴巴都會張得又大又圓。眼瞼上方的肌肉會連同眉毛一起往上抬高。眼尾與眼頭的位置跟平常相比，幾乎沒有變化。

[驚訝時的臉部動態]

眼頭與眼尾的位置
跟平常沒有什麼變化

眉毛抬得愈高，
驚訝的感覺就愈強

眼睛上下稍微擴張

上下眼瞼張得愈開，
眼睛整體的輪廓就愈圓

[如果畫成漫畫風……]

眉毛、眼睛、嘴巴
全都張大的感覺

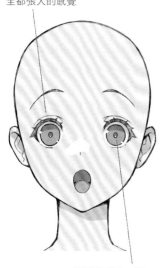

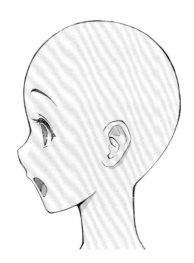

瞳孔畫得小一點，
比較能表現驚訝的表情

有些角色睜大眼睛
會使整個眼睛變得太大，
所以不將眼睛畫大，
只將眼瞳畫小
也是一個方法

［驚訝的各種變化］

也可以加上冷汗

不一定要畫出
完整的圓形眼瞳。
只要上眼瞼
與眼瞳之間有縫隙，
看起來就會是
驚訝的表情

讓睫毛翹起，
就能強調
睜大眼睛的
感覺

將眼瞳畫小，
用「點狀的眼睛」
來表現
驚訝的表情

複雜的感情表現

要表現更複雜的感情,可以在眼睛、眉毛、嘴巴這三個部位加上喜怒哀樂等不同的狀態,畫出表情的層次。以下就來看看詳細的畫法吧。

[試著組合不同表情的五官]

下圖是將「笑容」的眉毛與「憤怒」的眉毛互換的結果。相較於左邊的單純笑臉,右邊的笑臉比較像是苦笑。就像這樣,只要混合不同表情的五官,就能表現出更複雜的心境。

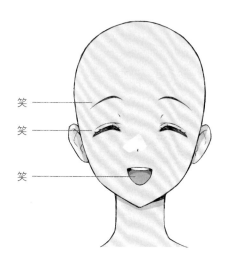
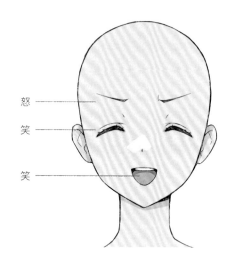

[害羞的表情]

「害羞」的表情特別複雜,是一種掩飾情感的舉動,所以比起太直接的畫法,結合不同表情的五官的表現方式會更有魅力。對不同的五官畫上不同的感情,就能表現各式各樣的「害羞」。另外,臉頰的泛紅也是描繪害羞表情的重要特徵。不過,這時不必畫得太過細膩,畫上大片的紅暈會更好。

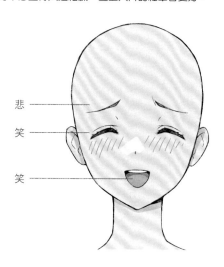

別開視線也是表現情感的一種方法。

[其他表情的各種變化]

我也描繪了其他幾種複雜的情感表現方式。這些表情組合了多種感情的五官，能因應在各種情感的表現上。

混合害羞與
驚訝的感情。
其中組合了憤怒的眉毛、
驚訝的眼睛與嘴巴。

大笑的眼神。
人不只在悲傷的時候流淚，
笑得太激動的時候也會流淚。

挖苦人的眼神。
雖然也很類似半睜眼，
但上眼瞼多了一點曲線，
呈現出來的表情也更不一樣。

懷疑的眼神。
將左右眉毛畫成不同的形狀，
帶出表情的變化。

POINT

描繪戲劇化的表情
時，除了形狀以外，
也可以將尺寸畫得更
誇張。就像是用五官
的大小來製造對比。

12 遮蓋眼睛的瀏海畫法

到目前為止，我們已經學過眼睛的基本構造與繪圖重點。接下來要針對眼睛附近的「瀏海」與「眼鏡」的畫法，補充說明一些訣竅。首先從瀏海開始。光是加上一點小技巧，就能畫出更有魅力的角色。

描繪瀏海的小技巧

描繪角色插畫的時候，瀏海經常會遮蓋到眼睛。雖然這本身並沒有什麼問題，但有可能會讓表情變得稍嫌不明顯，如果是髮色較深的角色，甚至有可能讓表情也變得很陰沉（左圖）。

所以在完稿的時候，為了讓瀏海融入肌膚，試著加上一些凸顯表情的調整吧。接著將從下一頁開始介紹步驟。

● 調整前

看起來是有點陰沉的角色。

● 調整後

肌膚與頭髮相融，可以看見表情，
所以氛圍變得不太一樣了。

1 對頭髮的上色圖層進行剪裁

左圖是左頁插畫的圖層構造。為了方便後續的調整，頭髮與臉的線稿和上色圖層都是分開的。

首先如右圖，在頭髮的上色圖層上方新增圖層，進行剪裁。

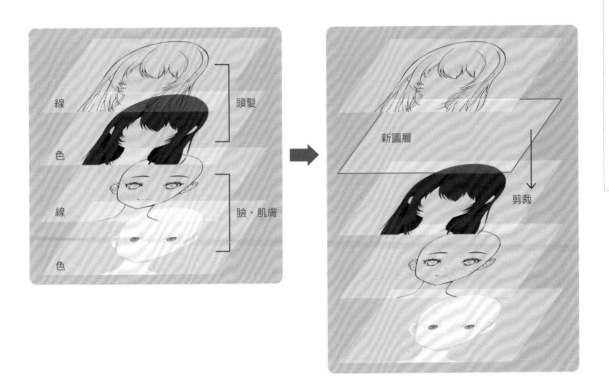

2 融入膚色

使用吸管來吸取肌膚的陰影色，在設定為剪裁的新圖層使用模糊的筆刷，為瀏海處刷上顏色。從臉部中央朝外側上色即可。這麼一來，瀏海的前端就會變亮，跟膚色

更加契合。請更改新圖層的不透明度，調整到自己偏好的濃度。

從中心往外刷上淡淡的膚色

頭髮融入肌膚，變得更明亮

3 複製眼睛與眉毛的線稿

讓髮色融入膚色之後,接著要讓頭髮下的眼睛透出。這
與「09 基本的眼睛畫法」所介紹的方法是一樣的。
首先,單獨選取眼睛與眉毛的線稿,複製到新圖層。將
圖層移動到頭髮的上色圖層上方,然後進行剪裁。這麼
一來,複製好的眼睛線稿就會只顯示在頭髮的上色範圍
中。

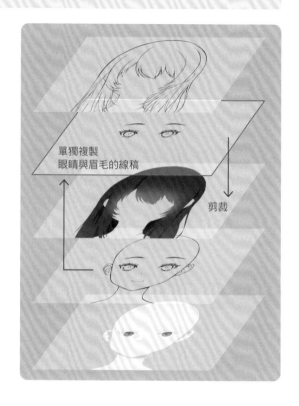

4 調整不透明度

試著將「眼睛與眉毛的複製」圖層調整至自己偏好的不
透明度吧。頭髮變得有透明感,表情也更清晰了!

POINT

以下是題外話,這次的成品使用了與
膚色相同的手法,在頭髮的下半部以
剪裁的功能畫上了水藍色。這麼做就
能增添透明感與輕盈感。用吸管來吸
取環境色或衣服的顏色,疊在頭髮
上,就能帶出空氣感,各位也可以試
試看。

13 眼鏡的畫法

作為眼睛周圍的配角,最後要介紹的是描繪「眼鏡」所需的基礎知識。以下也會提到與眼鏡構造很類似的太陽眼鏡,請當作參考。只要回想臉部的立體結構等先前學過的內容,理解起來就更容易了。

眼鏡的基礎造型

眼鏡很適合乖巧或聰明的角色,由鏡片、鏡框、鏡腳等各種零件組成一個立體結構,所以有時候不容易抓到正確的比例。

可能有人覺得正面還算好畫,但稍微傾斜一點就很難了……所以請試著掌握以下的重點吧。

[眼鏡的基礎]

● 斜向

● 側面

眼鏡的鏡片幾乎是平的,不太會配合臉部彎曲。

● 常見的錯誤案例

側面的眼鏡畫法是常見的錯誤之一。如果把鏡框畫成包圍眼睛的樣子,就會變成緊貼在臉上的護目鏡。

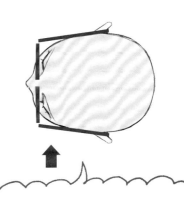

從上方觀看側臉,就會發現眼鏡的鏡片幾乎與臉部的正面平行,所以從旁邊只看得到側面。

關於眼鏡的位置

戴眼鏡的時候，眼睛與耳朵的位置也很重要。如果平常沒有意識到眼睛與耳朵的位置，就可能在要畫眼鏡的時候，面臨沒有空間可以畫鏡腳的窘境。相反地，如果能隨時意識到眼鏡的線條，就算是畫不戴眼鏡的角色，也能夠將眼睛與耳朵畫在正確的位置。

紅色的線就是眼鏡的位置

在草稿階段就意識到眼鏡的位置，也會比較容易抓到五官的比例。

鏡框也有可能超出輪廓

因為眼鏡是戴在臉部前方，所以根據觀看角度的不同，鏡片與眼睛的位置會有一點誤差。

POINT

各位還記得眉毛的章節說明過的，臉部側面與正面的轉角嗎？眉毛的曲線轉彎的「側面」就是眼鏡鏡腳的位置。

構思眼鏡的造型

描繪眼鏡的時候，經常會遮住眼睛的一部分。雖然會依戴眼鏡的位置而異，但最容易被鏡框遮住的部分通常是上眼瞼。雖然這也是眼鏡角色的魅力之一，但如果是眼睛比較大的角色，有時候很難容納在鏡片的範圍內，而眼鏡也有可能不小心畫得太大。遇到這種情況，還有一個方法是去除眼鏡的鏡框。也就是為了畫面上的呈現而省略原本存在的部分。除此之外，也可以考慮將眼鏡的造型設定為「無框」或是「只有下緣有框」。

有時候眼睛被遮住反而更有魅力，例如仰望的表情。

想要完整呈現眼睛的時候，去除鏡框，畫得乾淨俐落也不錯。

太陽眼鏡的特徵

雖然太陽眼鏡的構造跟眼鏡很類似，但其目的是「保護眼睛不受陽光傷害」，所以有幾個不同於眼鏡的特徵。這裡會稍微加以介紹。

[太陽眼鏡與眼鏡的差異]

● 彎曲成貼合臉部的形狀

為了確實保護眼睛，運動用的太陽眼鏡就算從旁邊觀看，也看不見眼睛。

● 顏色很深

太陽眼鏡的鏡片通常都有顏色。有些顏色甚至深到幾乎看不見眼睛。

從上方觀看會發現，鏡片會彎曲成貼合臉部的形狀。

● 鏡片偏大

雖然會根據造型而不同，但大多數太陽眼鏡的鏡片都很大，可以確實遮蓋眼部周圍。眼鏡的鏡框（左圖）位於眼睛與眉毛之間，太陽眼鏡的鏡框（右圖）卻能遮住眉毛，或是只露出一點眉毛。

PART **2**

迷人雙眼的繪圖過程

本章節請到眼睛畫法各有特色，而且風格獨具的五位插畫家，講解其繪圖過程。
內容依序是草稿～底稿～上色～完成的步驟，但會針對眼睛（眼瞳）的畫法進行
詳細的解說。請試著參考這些技巧，了解如此充滿魅力的強烈眼神是如何創作出
來的。

金平東

》P108

SPIdeR.

》P130

湖木マウ

》P150

繪製人物插畫的時候，我總是會確保眼神能表達出堅定的意志。為了襯托眼神，我會在描繪時特別注意臥蠶與眼瞼的立體感。這幅作品的設計是以芥川龍之介的《蜘蛛之絲》為概念。

繪製線稿並塗上底色

這個階段包含繪製草稿到塗上底色的步驟。繪製線稿之前，我還會再加上「底稿」這個步驟，為的是將草稿的線條畫得更明確。重點在於漸漸增添細節，如此一來，只要重新描過底稿就能完成線稿。

1 繪製草稿

使用[筆刷：軟碳鉛筆]，以稍微降低[筆刷濃度]的狀態，畫出粗略的草稿。因為我基本上不畫色彩草稿，所以只會單用黑色來畫草稿。我有時候會在這個階段就畫上陰影，但也常常在上色的階段更改光源。

2 以草稿為基礎，繪製底稿

新增圖層，使用與草稿相同的筆刷設定來繪製底稿。為了避免畫線稿的時候猶豫不決，我會在這個階段就畫出服裝的皺褶與設計，以及頭髮的流向等細節。畫好底稿之後，我這次參考了自己所拍的照片，大致畫上了陰影。

POINT

描繪服裝的皺褶或手勢時，我經常拍攝自己穿著衣服或是擺出姿勢的照片作為參考。至於眼鏡之類的配件，我也經常參考自己手邊的物品。

3 將底稿畫成線稿

線稿使用的筆刷是[G筆]，但我會將「筆壓」與「傾斜」設定成自己習慣的數值（以CLIP STUDIO為例，按下工具屬性的[筆刷尺寸]旁邊的按鈕，就會出現[筆刷尺寸影響源設定]，可以在這裡進行調整）。將底稿

畫成線稿的時候，我會針對有誤的地方做微調，所以為了方便修改，我將頭髮、五官、眼鏡、身體、手區分在不同的圖層。

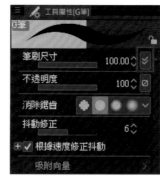

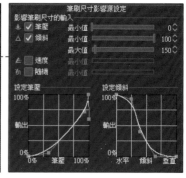

4 先確定上色範圍再區分各部位的色彩

為了使後續區分色彩的時候能夠清楚看出未上色的範圍，我會先用油漆桶填滿單色。我使用深粉紅色填滿範圍，但其中沒有什麼特別的理由。接下來要為不同的部

位分別塗上底色。因為眼鏡會在正式上色的時候再細畫，所以我暫時將它隱藏起來了。

02 為肌膚上色

塗完底色之後，接下來要進入上色的階段。首先為肌膚畫上紅暈與光澤，再描繪陰影，增添人體的血色與立體感。耳朵內部與指甲等處不描繪線稿，而是用色彩來表現細部的構造。

1 畫上肌膚應有的紅暈

在肌膚的底色圖層上方新增圖層，設定為[用下一圖層剪裁]。使用[筆刷：噴槍（柔軟）]，在眼睛周圍、鼻梁、嘴唇與手指等處刷上淡橘色。上色的時候要畫出深淺的變化，以表現漸層感。我在眼睛邊緣畫上了稍微黯淡一點的紅色。此外，我也在這個階段大致完成了眉毛的上色。

2 畫上凹凸與陰影

參考底稿階段的陰影，使用[筆刷：圓筆]畫上粗略的陰影。我使用的顏色是黯淡的粉紅色。接著使用[筆刷：噴槍（柔軟）]來刷上紫色，製造紫色與粉紅色組成的漸層。我用深紫色在耳朵內部描繪較深的陰影，藉此表現耳朵的構造。最後在嘴唇、鼻頭與指甲等處點上亮部。為了方便後續的色彩調整，漸層、陰影與亮部都是描繪在不同的圖層之中。

為服裝與頭髮畫上陰影

使用與肌膚陰影相同的手法，為頭髮與服裝畫上陰影，營造立體感。
在上色的時候畫出漸層，就能表現光影造成的複雜色調，
以及空氣感等細節。

1 為服裝的底色加上漸層

使用[筆刷：噴槍（柔軟）]，在外套的上半部輕輕刷上明亮的藍色，製造漸層。覺得界線不自然的時候，可以用[模糊]工具來暈開色彩。另外也可以降低圖層的不透明度，調整視覺效果。

2 描繪服裝的陰影

注意服裝的皺褶，參考底稿階段的陰影，畫上較深的顏色。陰影使用的是與肌膚相同的[筆刷：圓筆]，用帶紫的深藍色與帶綠的深藍色，製造陰影的深淺變化。兩者都要調整圖層的不透明度，用重疊的色彩來增添層次感。

3 為頭髮畫上陰影

頭髮的陰影要參照草稿的陰影，分成兩個階段來描繪。首先在頭髮的分線根部與髮尾等處刷上橘色，完成基礎的陰影。我使用[筆刷：噴槍]輕輕刷上顏色，製造漸層感。接著新增圖層，用藍色與紫色來描繪更深的細部陰影。基礎的陰影是使用紫色，但瀏海的內側與脖子的髮際等處有用到藍色，這麼做可以表現空氣造成的細微差異。調整圖層的不透明度，使先前畫好的橘色陰影更加自然。

4 為頭髮加上質感

為了畫出根根分明的頭髮質感，接下來要追加描繪髮絲。考慮到受光的程度，我使用紫色、橘色、亮黃色等多種顏色來描繪髮絲。順著髮流畫出重疊的線條，就能表現根根分明的質感。

用重疊的線條表現根根分明的髮絲

表現堅定的眼神

接下來要為眼睛上色。我以筆直望著前方的眼瞳,表現堅定的意志。除此之外,為了用眼睛抓住讀者的視線,我在眼睛周圍加上了網點,並畫出充滿立體感的臥蠶,藉著眼睛以外的細節來提高眼神的吸引力。

1 描繪臥蠶

使用[筆刷:油畫平筆],在下眼瞼處描繪臥蠶。使用[模糊]工具,畫出與肌膚相融的效果。

用筆刷描繪臥蠶

2 在眼睛周圍貼上網點

在眼尾處貼上圓點狀的網點,帶出立體感。大致貼上網點以後,再配合眼睛的形狀,用[圖層蒙版]切除多餘的 部分。我更使用了[漸層]工具來更改網點的色調,使其融入肌膚。

3 為眼瞳補畫陰影與亮部

在眼瞳的底色上描繪陰影。以上緣偏暗、下緣偏亮的方式畫上模糊的色彩，製造漸層。我也用水藍色的淡淡圓點，在眼瞳的下半部描繪了亮部。

4 為眼瞳追加網點

同樣在眼瞳中貼上網點，增添質感。我貼上了圓點狀的網點，再用剪裁蒙版塑形。以眼瞳上緣的圓點比較密集、下緣比較稀疏的方式來配置網點。另外，我也在剛才畫的淡淡圓點上追加了清晰的亮部。

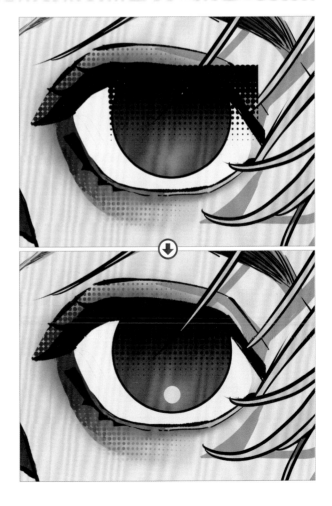

POINT

眼瞳的亮部是普通圖層，但在淡淡的模糊圓點上描繪清晰的圓點，就能畫出看似正在發光的效果。

5 描繪瞳孔

在眼瞳中央貼上設計成瞳孔造型的自製素材。只有在想要強調眼瞳的時候，我才會特別使用這種素材。接著，

在瞳孔素材的圖層上新增圖層並進行剪裁，然後畫上紅色與水藍色的漸層，使其融入眼瞳。

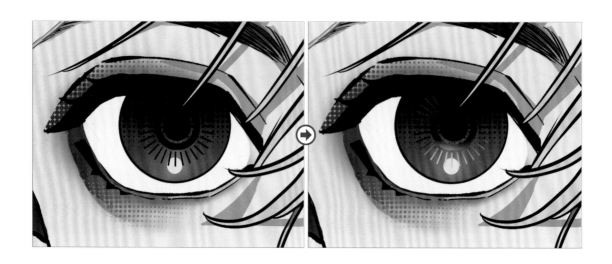

6 進一步加強眼神

在瞳孔正中央的圓環部分塗上水藍色作為點綴，使眼神更加鮮明。再用水藍色～綠色的漸層來描繪眼瞳邊緣，就能畫出更加強調眼瞳的獨特造型了。

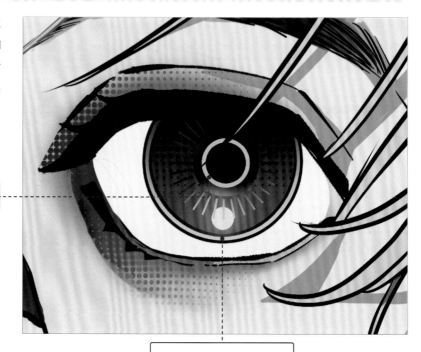

將內側圓環畫成水藍色

用漸層來描繪外側的邊緣

7 追加亮部

在眼瞳上緣追加一個較小的亮部，增添閃亮感。這個亮部也要在模糊的圓點上重疊清晰的圓點。另外，我也在上眼瞼與眼睛的黏膜部分追加了白色或膚色的亮部，藉此呈現透明感。

追加亮部

8 描繪落在眼瞳中的陰影

最後，在頭髮遮住的眼睛裡追加陰影。新增圖層，使用[混合模式：色彩增值]，以連結肌膚陰影的方式來描繪眼睛裡的陰影。這麼一來，眼瞳就算是完成了。

在眼瞳中描繪頭髮的陰影

9 為眼鏡上色

畫好眼睛以後，顯示原本隱藏的眼鏡，開始上色。底色就跟其他部位相同，使用單色來塗滿。為了避免眼鏡太搶眼，我使用帶著紅色調的金色來上色。

接著要增添質感。注意鏡框部分的金屬感及鼻墊部分的透明感，補上陰影與亮部。為了進一步強調材質的特色，我在鼻橋與鏡腳的部分補畫了線條。

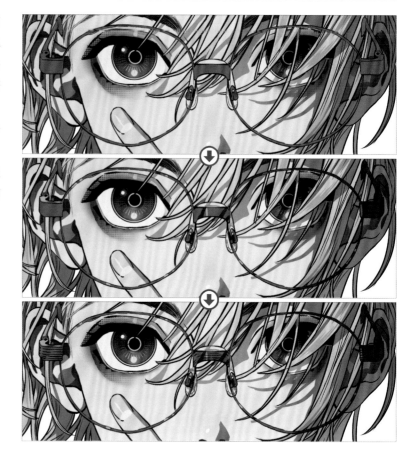

10 用蒙版來調整形狀，描繪落在臉上的陰影

為了畫出正確的形狀，我將眼鏡畫在最上層，所以要再使用蒙版來去除多餘的部分，使頭髮與手指顯示在前方。最後在肌膚的圖層上方追加眼鏡造成的陰影。這麼一來，臉部的上色就完成了。

用蒙版去除遮到手指與瀏海的部分　　描繪眼鏡造成的陰影

調整並完稿

到了這裡，上色就幾乎結束了，但還要再調整線稿，
或是視情況補畫配件，完成整幅作品。
這個階段的微調可以進一步提高作品的完成度。

1 強調陰影的邊緣

接下來要強調陰影的色彩邊緣，增添類似手繪的特殊質感。以[選擇範圍]選取陰影的圖層，然後點選[編輯]選單→[選擇範圍鑲邊]❶。準備另一個圖層，用橘色為陰影加上邊緣，設定成[混合模式：線性加深]再調整不透明度，讓邊緣的線條更自然❷。頭髮、手與服裝的陰影也使用同樣的步驟來加上邊緣（❸～❺）。

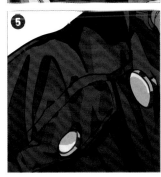

2 描繪手上的刺青

在手背與手指上追加刺青。首先新增圖層，用接近黑色的顏色畫上以「蜘蛛之絲」為主題的刺青。在同樣的圖層上描繪亮部以後，更改為[混合模式：加深顏色]。

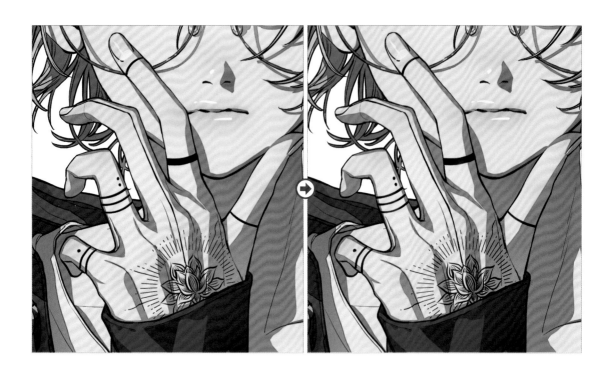

3 追加飾品

因為我覺得耳朵附近有點單調，所以補畫了飾品。為了營造統一感，色彩與眼鏡相同。

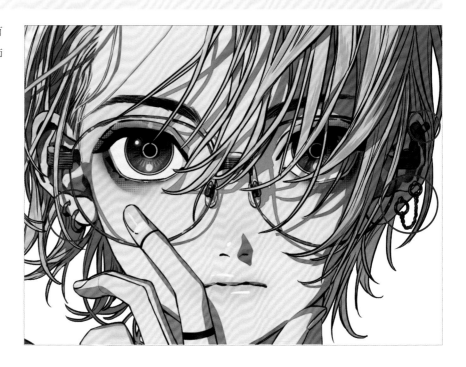

4 調整線稿的色彩

為了使線稿能與色彩相融，接下來要進行「彩色描線」，更改各部位的線稿色彩。在頭髮的部分，我選擇了接近陰影的紫色系。另外，為了使眼瞳更醒目，我將眼瞳邊緣的線條從黑色更改為紅色。

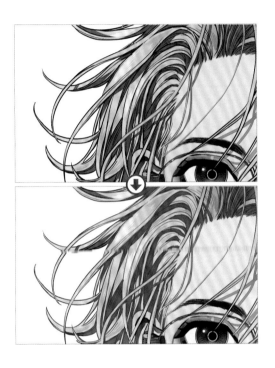

5 呈現空氣感

為了讓人物乍看之下像是從背景中浮現的樣子，接下來要增添空氣感。首先使用[筆刷：噴槍]在畫面的右側到下緣處刷上藍色，製造淡淡的陰影。將圖層設定為[混合模式：色彩增值]，並將不透明度調整到適當的程度。接著新增另一個圖層，使用[筆刷：噴槍]在畫面的左側刷上白色。在頭髮與肩膀上畫出帶著淡淡光線的效果，就能呈現空氣感。

06 調整為自己喜愛的色調

接下來要調整漸層對應、彩度與明度等細項，使作品呈現出自己喜愛的色調。因為這個部分很重感覺，所以相當難以用言語表達，但重點是摸索出能強調主題的色調，逐步完成一幅作品。

1 套用漸層對應

調整色彩平衡、色相與彩度，並套用數次[漸層對應]，使作品更加接近自己喜愛的色調。以CLIP STUDIO為例，點選[圖層]選單→[新色調補償圖層]→[漸層對應]，就能追加或調整[漸層對應]。以下將透過圖例，依序介紹我所套用的補償效果（❶～❼）。

❶

調整色彩平衡

❷

❸

套用炫彩雷射的漸層對應（[除以]圖層）

以黑白的漸層對應來加強對比，使畫面層次分明（[輝度]圖層）

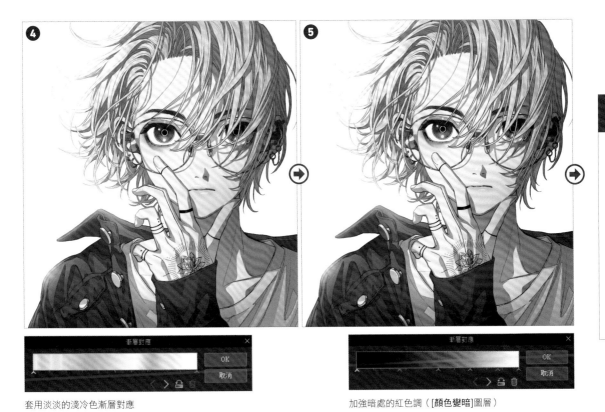

套用淡淡的淺冷色漸層對應

加強暗處的紅色調（[**顏色變暗**]圖層）

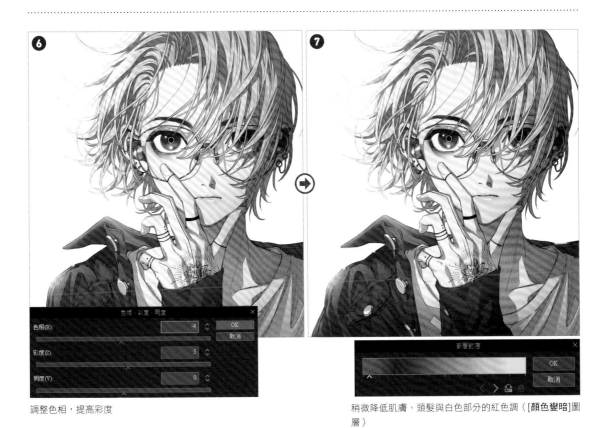

調整色相，提高彩度

稍微降低肌膚、頭髮與白色部分的紅色調（[**顏色變暗**]圖層）

2 凸顯鮮豔度

接著要減少色彩的「色調」，進一步凸顯鮮豔度。點選[圖層]選單→[新色調補償圖層]→[色調分離]，將數值調低至「2」以減少色彩數，然後將圖層的混合模式設為[彩度]，降低不透明度直到呈現適當的效果。因為

我想讓眼瞳變得更引人注目，於是對整幅作品套用了黑白的漸層對應，然後用蒙版加以調整，凸顯眼瞳的鮮豔色彩。

3 調整眼瞳後完成作品

因為我想增加眼瞳的鮮紅感，所以要再進行調整。新增圖層，用紅色的[筆刷：噴槍]描繪眼瞳的下緣，然後更改為[混合模式：相加（發光）]。這麼做可以強調紅色調，並製造微微發光的效果。這樣就完成了。

[NAME]

秋赤音

[PROFILE]
主要從事插畫、角色設計、平面設計的工作，另外也發表服裝設計及影片等多種類型的作品。亦於Art Fair Tokyo參展，將創作範圍擴及美術領域。

[CONTACT]
Twitter：@_akiakane　Pixiv：https://www.pixiv.net/users/169098
HP：http://akiakane.net

[作畫設備]
繪圖板：Intuos4、CLIP STUDIO PAINT

[Q&A]

Q1　描繪眼睛時特別留意的地方

我希望能畫出堅定的眼神、獨特性與立體感。

Q2　如何發展出現在的畫法

我想呈現眼瞳的真實模樣，但又希望能畫出
帶有平面設計的風格且適合鮮明色彩的效果，所以經歷了一番苦惱。
我參考各種眼瞳的特寫照片時，
覺得眼瞳的造型就像太陽一樣，於是將這樣的造型簡化並融入作品中，
得出的效果非常符合自己想要的感覺，
所以我就開始在強調眼瞳的插畫中使用這種畫法了。

Q3　創作插畫時重視的事

應該是覺得平常的畫法不太適合現在的作品時，
就要嘗試其他的表現方式吧。
我認為能夠拓展表現幅度是一件好事。

Q4　今後想挑戰的表現方式或工作

我對畫漫畫也有興趣，
所以希望自己畫出的黑白眼瞳也能讓人感受到堅定的眼神與色彩。

Q5　給讀者的訊息

能自由地找出只屬於自己的理想畫法，肯定是一件非常快樂的事。
如果我的作品與繪圖過程可以多少發揮一點參考價值，那就太好了。

ちょん＊

使用軟體
SAI

我以「俏皮可愛的竹下通」為概念，畫了這幅作品！因為我非常喜歡原宿街上的繽紛商店，所以將穿戴飾品、手拿甜點的女孩畫成了插畫。希望大家都能從色調與元素中多少體會到歡樂的感覺＊

將草稿描繪成線稿

首先要決定主題，自由地描繪草稿。這次的主題是以「俏皮可愛的甜點與女孩」、「竹下通」為概念。在這個階段，我抱著「希望這幅插畫能讓人感到歡樂」的想法，摸索適合的設計。

1 描繪基礎草稿

根據設定的主題發揮想像力，描繪出草稿。我不畫骨架，經常直接從輪廓開始畫起。因為接下來還要將草稿畫成線稿，所以我盡量不畫重疊的線條，只用單一的線條來描繪。飾品等細節會在上色的時候視情況調整，所以這個階段並不會畫得太仔細。

POINT 我會不時執行水平翻轉，確認形狀是否有歪斜的情況。如果有歪斜，我會使用[自由變形]工具來修正。

2 構思配色

這次為了提供成品的概念圖，我畫了配色的草稿，但我平常並不會在只有草稿線條的狀態下上色。我平常的作法是一邊描繪草稿，一邊在腦海中想像大致的配色。

3 將草稿的線條整理成線稿

為了不破壞草稿的氛圍，我會調整草稿的線條，直接將它畫成線稿。使用[筆刷：筆]，設定為[最大直徑：6.0]左右，將線條整理乾淨，並描繪服裝皺褶與頭髮等細部線條。調整[最小直徑]等數值，就能畫出有粗細變化的線條，增添作品的溫度。比起沒有粗細變化的線條，我比較喜歡帶有溫度的氛圍，所以我會保留草稿的味道，用比較隨興的方式描繪線稿。

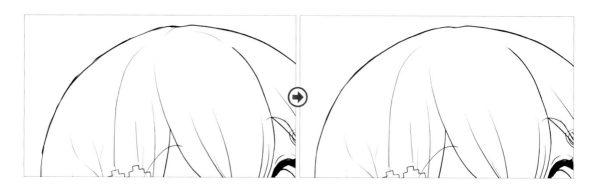

4 決定細節

將三股辮的部分畫成乾淨的線條，呈現束狀的頭髮，再將飄揚的髮尾畫得更清晰，增添細節。畫出頭髮的動態，就能使整體畫面變得更華麗。

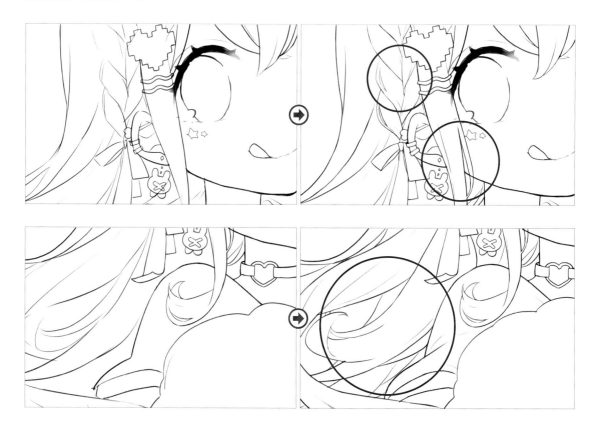

5 完成線稿

調整完所有線條以後，線稿就完成了。以前我都是以草稿為基礎，重新描繪線稿，但有時候會覺得：「草稿明明畫得很可愛，但畫成線稿之後，感覺就變了……」所以我現在都是直接修改草稿的線條，把它畫成線稿。

草稿的線稿

完成的線稿

02 區分並塗上底色

根據草稿階段決定的配色，為各部位塗上不同的顏色。這個步驟的顏色就是所謂的「底色」。接下來還會在描繪各部位細節的時候繼續上色，但我也會在這個時機就完成顏色的細分。

1 塗上偏好的顏色

使用選擇功能，分別塗上自己偏好的顏色。我有時候會依心情而大幅更改色調，所以區分圖層的時候會考慮到更改顏色的便利性。

POINT

使用[自動選擇]功能，粗略地選取想要上色的範圍。這種時候難免會出現一些沒有塗到的小空隙，所以我會用[選擇筆]工具來塗滿這些細小的地方。完整選取想要上色的範圍後新增圖層，用[鉛筆]工具或[油漆桶]工具來填滿顏色。重複同樣的步驟，直到填滿所有部位的顏色為止。

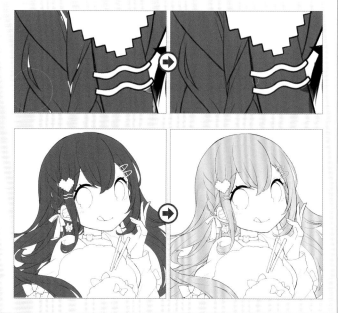

03 深入描繪眼瞳

塗滿各部位的底色後，接下來要開始描繪質感等細節。
為了提升上色的成就感，首先就從眼瞳開始！光是把臉畫好就能讓人物變得可愛，描繪其
他不擅長的部分時也會覺得比較開心。

1 在眼瞳的底色上重疊色彩，製造漸層

在畫好底色的眼瞳圖層中疊上淡粉紅色，製造漸層。首
先在眼瞳的下半部塗上比底色更淡的粉紅色，再用[模

糊]工具暈開界線。我將模糊的筆刷尺寸設定為稍大的
[60]，在眼瞳的底色上保留了一點上色的筆觸。

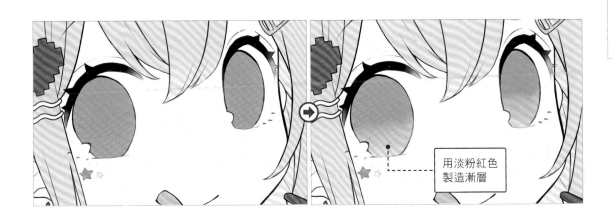

用淡粉紅色
製造漸層

2 描繪眼瞳的陰影

在眼瞳的上緣描繪睫毛的陰影。在底色圖層上方新增圖
層，設定為[用下一圖層剪裁]。將這個圖層改成[混合

模式：色彩增值]，在眼瞳上緣描繪較暗的紫色，然後
用[橡皮擦]工具將形狀調整成半月形。

畫成半月形

3 將陰影描繪得更深，並加上反射光

在畫好的陰影兩端疊上更深的紫色，使對比更鮮明。這個部分也是直接補畫在剛才的[色彩增值]圖層中。

接著，在眼瞳下緣追加反射光。新增圖層並設為剪裁後，更改為[混合模式：濾色]。使用[筆刷：馬克筆]畫上淡粉紅色的半月形。相較於寫實的眼瞳，我更想畫出富有玩心的俏皮氛圍，所以我沒有把陰影的形狀與亮部的位置想得太複雜，而是自由配置在喜歡的地方。

疊上深紫色

描繪反射光

4 依喜好畫上亮部

接著，我隨興地畫上了喜歡的亮部。在最上方新增圖層，將[鉛筆]工具設為白色，開始設計亮部的造型。雖然我覺得在眼瞳中畫上配合主題的愛心、星星或花朵形狀也很可愛，但這次我選擇較大的菱形作為主要亮部特徵。

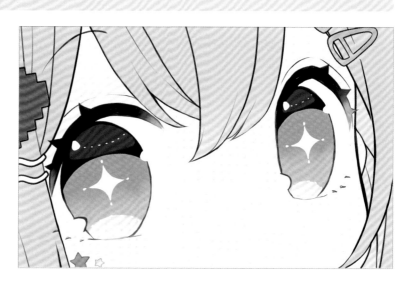

5 描繪次要亮部,將虹膜畫成更深邃的顏色

新增圖層,將[筆刷:鉛筆]設定成較硬的筆壓,描繪次要亮部。我在眼瞳上緣補畫了淡淡的灰紫色與一點點水藍色,營造明亮的印象。另外,我也在剛才畫好的菱形

亮部周圍補畫了深粉紅色的瞳孔。

接著新增圖層,在瞳孔上方以輕點的方式疊上漸層式的粉紅色,調整成帶著細膩變化的色調。

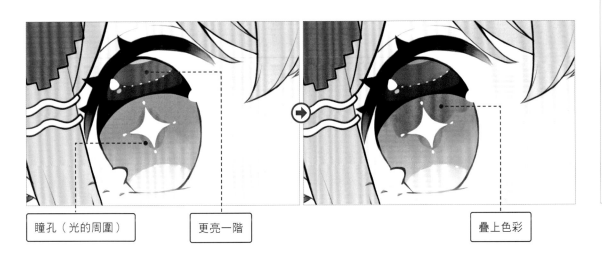

瞳孔(光的周圍)　更亮一階　疊上色彩

6 調整線稿的色彩

眼瞳上半部的陰影因為粉紅色而變得太亮,所以我再度疊上紫色,加強了對比。另外,為了配合眼瞳的顏色,眼睛的線稿顏色也要更改。我回到「眼睛」的線稿圖層,將黑色的雙眼皮線條更改成帶紫的粉紅色。我也調整了眼瞳下緣的線稿,將顏色更改為紫色,並將下睫毛的顏色更改為粉紅色。

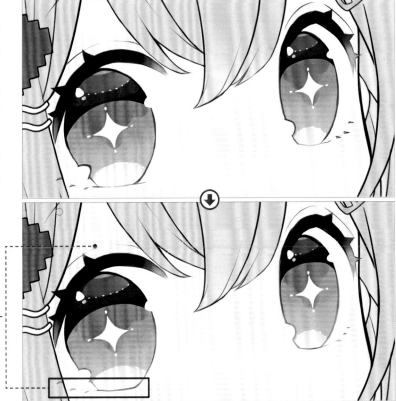

改為更自然的顏色

7 為睫毛畫上亮部，描繪眼瞳的界線

在線稿上方新增圖層，用粉紅色為上睫毛補畫亮部，增添透明感與閃亮感。我也用白色的點為下睫毛描繪了亮部。另外，因為上睫毛與眼瞳過於相融，所以我用粉紅色的細線畫出了界線。這種時候，我不會使用普通的圓形曲線，而是畫成波浪狀，藉此凸顯眼瞳的特徵。

亮部

描繪界線

8 追加亮部，完成眼瞳的描繪

最後，視情況在虹膜部分追加細小的亮部。說到亮部就會讓人想到圓形，但我會自由發揮想像力，設計出線狀或虛線狀的亮部，使眼瞳變得更有個性。再順便畫上淡淡的粉紅色腮紅，然後加上鼻子的陰影，臉部就畫好了。

追加的亮部

追加的腮紅

深入描繪肌膚的陰影與飾品

接下來要描繪肌膚的陰影與飾品。陰影基本上是使用平塗的方式上色,但要想像受光的程度,畫出深淺的變化。飾品還會根據往後的整體比例做修改,所以這個階段只是大致描繪而已。

1 為肌膚加上陰影

新增圖層,設為[混合模式:色彩增值]。在瀏海遮住的地方、位於頭髮後面的手指、脖子、耳朵等處疊上黯淡的紫色。特別不容易被光線照射到的部分要疊上更深的顏色,表現層次感。

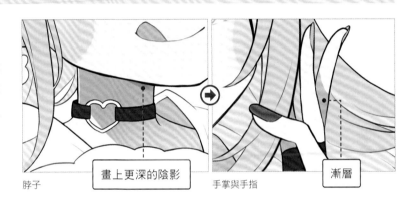

脖子　　　畫上更深的陰影　　手掌與手指　　漸層

改變陰影的深淺表現立體感

耳朵內部　　　頭髮　　邊緣清晰的陰影

2 為飾品上色

畫上亮部、反光與陰影,呈現物品的質感。我使用[正常]圖層來描繪清晰的亮部,使用[色彩增值]圖層來描繪柔和的亮部,藉此呈現質感的差異。另外,使用太多顏色會破壞統一感,所以我將主要色彩設定為粉紅色與水藍色,交互使用這兩種顏色來上色。

為頭髮加上質感

在底色上描繪亮部與陰影，呈現帶有光澤的頭髮質感。

因為構圖是特寫上半身，再加上隨風飄散的髮型，使頭髮占據了大部分的畫面，所以要調整層次感與色調，以免顯得不自然。

1 調整色調

區分底色的時候，我只用粉紅色來描繪內側的頭髮，但為了配合飾品的色彩，我在幾個地方疊上了淡淡的水藍色，增添細部的色調變化。另外，我也將頭髮內側的線稿更改為黯淡的紅色，變成融入頭髮的柔和色調。

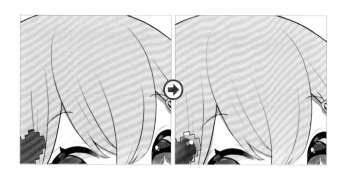

2 描繪頭髮的陰影

新增圖層，設為[混合模式：色彩增值]，開始描繪頭髮的陰影。配合頭髮的流向，畫出來的線條會比較自然。不只是頭髮互相重疊的部分，也別忘了描繪手指與髮夾等物體造成的陰影。如此一來就能讓頭髮更添立體感。

3 加上亮部

畫完陰影之後，新增圖層，加上亮部。頭髮的亮部是使用普通圖層來描繪。注意頭部的弧度，想像光線來自左前方，疊上淡淡的米色。接著，在描繪亮部的圖層下方新增圖層，設為[混合模式：色彩增值]。以包圍亮部的方式，畫上較深的米色，進一步增添頭髮的質感。

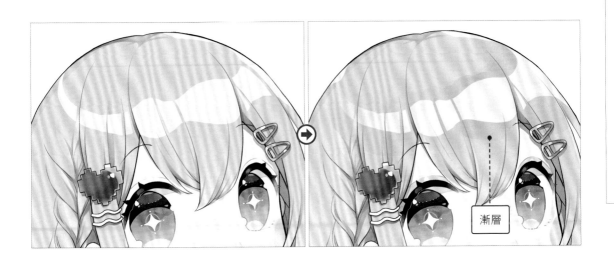

漸層

4 加強頭髮的層次

新增圖層，在遠處的頭髮部分疊上黯淡的紫色，然後調整不透明度。將這個部分的線稿本身也改成較淡的顏色，就能融合得更加自然。這麼一來頭髮就變得更有層次了。

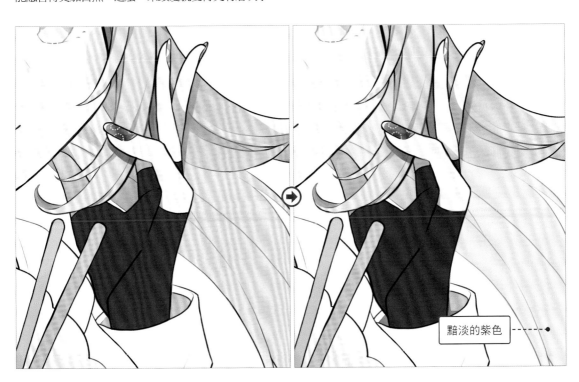

黯淡的紫色

06 調整細節

畫完臉部與頭髮之後，接下來要深入描繪服裝、配件及原本只有簡略上色的飾品。除此之外，上色的過程也會發現一些需要修改的地方，所以我會在這個階段進行細部的調整，提高作品的完成度。

1 為服裝追加陰影

為服裝、手套與頸鍊等物品追加陰影。這些部位的陰影都是用[混合模式：色彩增值]的圖層來描繪。為了配合整體的色調，服裝的陰影也會混入水藍色與粉紅色等主要色彩，並用[模糊]工具使色彩相融。而且為了畫出襯衫的柔軟質感，我會避免把輪廓畫得太銳利。手套與頸鍊的反光是取自鄰近的頭髮（淡紫色）等地方的顏色。

頸鍊的放大圖

2 裝飾棉花糖

接下來要替棉花糖加上俏皮的感覺。補上星星與月亮等裝飾後，我在棉花糖上描繪輕柔的圓形亮部，表現棉花糖的輕飄飄質感。

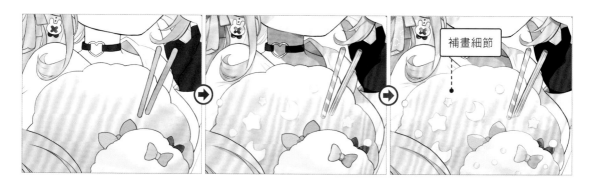

補畫細節

3 調整眼睛的位置與飾品的細節

調整需要修改的細節，逐步完成人物。首先，我把眉毛改得稍粗一點，又覺得右眼的位置太偏左，於是使用[自由變換]工具把眼睛框起來，將位置往內側挪。除此之外，我也將愛心髮飾的粉紅色改成更深的顏色❶。

接著，我覺得頭髮的緞帶看起來有點單調，所以加上了與指甲相同的圓形圖案❷。另外，我覺得手臂後方的空間有多餘的空白，於是補畫了頭髮❸。

顏色改深　眉毛改粗

變更右眼的位置

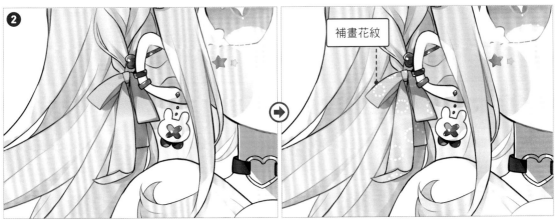

補畫花紋

追加後方的頭髮

4 調整線條的相融程度

有幾個地方的頭髮線條與色彩過度相融，所以我追加了淡淡的亮部，增加線條的存在感。另外，我也會把太淡的線條改深，重複進行微調，確認各部位的外觀與視覺效果。

凸顯過度相融的線條

5 用覆蓋來調整色調

在頭髮色彩的最上方新增圖層，設為[混合模式：覆蓋]。在畫面右上方與左下方的頭髮處（頭部）塗上淡淡的粉紅色，讓人物像是沐浴在粉紅色的光線中，呈現俏皮的風格。

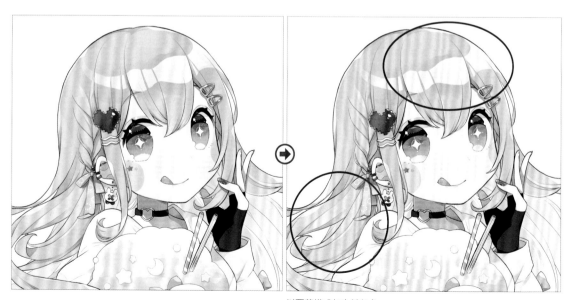

以覆蓋模式加上粉紅色

07 | 描繪背景

最後要描繪背景。我有時候會在背景中畫上其他配件，
但這次為了強調女孩，我決定採用簡單的背景。
配色的決定也要以凸顯角色為優先考量。

1 構思可以襯托角色的背景

為了讓讀者的目光集中到角色身上，我決定用簡單的方形色塊作為主要的背景元素。我選擇了薄荷色來襯托米色的頭髮。另外，為了凸顯主題的俏皮風格，我畫上了雷根糖。不過，只有雷根糖會顯得有點膩人，所以我在某些地方畫上紙片，呈現輕快卻熱鬧，又令人感到歡樂的氛圍。

背景色

POINT 讓紙片飛到方形色塊的外面以增添動感，也是一個小訣竅。

雷根糖 　紙片

08 使用Photoshop完稿

這樣就幾乎完成了。

但我覺得色調稍嫌太淡，所以要再進行調整。

我使用Adobe Photoshop，調整了曲線與飽和度，使作品呈現理想的色調。

1 調整色調

調整色調，使作品變得更加華麗。將完成的插畫轉存為psd格式，用Photoshop開啟。這次我套用了調整（曲線、自然飽和度、色階）。使色彩變得更鮮明之後，作品就完成了！

以拖曳的方式進行調整

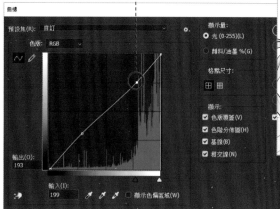

拖曳「曲線」的線條，加強對比

透過「自然飽和度」讓飽和度較低的顏色變得更鮮艷

以拖曳的方式進行調整

移動滑桿

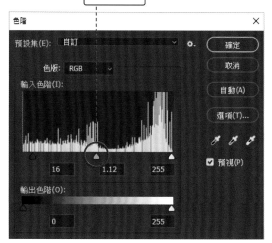

透過「色階」來調整亮處的對比

[NAME]

ちょん＊

[PROFILE]
插畫家。主要描繪融入流行文化的繽紛少女。過去經手的作品有Vtuber設計、Village Vanguard合作活動、服飾設計等等。作品曾登上《日本當代最強插畫2021：150 位當代最強畫師豪華作品集》（翔泳社）、《繪師100人[2022]》（BNN）。

[CONTACT]
Twitter：@xx_Chon_xx　　Instagram：chon_mi105
Pixiv：https://www.pixiv.net/users/15158551

[作畫設備]
繪圖板：Artist13.3 Pro、SAI

[Q&A]

Q1　描繪眼睛時特別留意的地方

我會盡量設計出令人印象深刻，而且帶著歡樂氛圍的造型。
自己畫得開心是最重要的事，所以我不太追求真實感，而是自由地描繪。
自從開始描繪這樣的眼瞳，就有愈來愈多人能馬上注意到「這是ちょん＊的作品」，
所以我覺得加上一點獨創性也是很重要的事。

Q2　如何發展出現在的畫法

因為我就讀設計學校，希望能盡量發揮自己的專長，
所以比起寫實的風格或簡約的插畫，我更想描繪出帶有設計元素，
看起來既繽紛又俏皮的作品，於是才發展出現在的畫風。我還在持續摸索中。

Q3　創作插畫時重視的事

・不論是觀看的人還是描繪插畫的自己都能得到療癒，而且感到快樂。
・在Pixiv或Instagram列出自己的插畫時，色調是否夠平衡。
・為了方便事後再用於周邊商品或插畫集等其他媒體，尺寸要畫得稍大。

Q4　今後想挑戰的表現方式或工作

角色設計或小說等書籍的封面。
我的夢想是在街上放眼望去就能看到自己的插畫被用在某個地方。

Q5　給讀者的訊息

世界上有多少人，就有多少種不同的表現方式，
所以不要被既有的觀念束縛，自由享受繪畫的樂趣吧。

金平東

使用軟體

CLIP STUDIO PAINT

這幅作品的主題是光的表現。描繪的重點在於眼瞳與彈珠。我專注於陰影造成的立體感與質感,並調節細部的複雜程度,將這兩個元素描繪得比較仔細,使讀者的視線集中在我最想表現的眼睛與彈珠上。另外,為了強調眼睛與彈珠的對比,我在描繪時也特別注重光的表現,如果大家都能欣賞到這些細節,那就是我的榮幸了。

01 決定構圖並完成底色

首先要畫出決定主題與構圖的大草稿，然後依序完成底稿、線稿、底色的步驟。根據大草稿來描繪底稿的時候，重新決定想要凸顯的物品或部位，就能提高作品的故事性。

1 以大草稿為基礎，繪製底稿

粗略地決定構圖、配色與主題，然後畫出大草稿。這次我構思的是人物躺在地上看著彈珠的構圖。完成大草稿之後，決定想凸顯的部分，再根據這一點畫出底稿。包含配色的設定在內，確實畫出完整的底稿，之後的階段也比較不會猶豫。

大草稿　　　　　　　　決定想凸顯的部位　　　　　　　底稿

2 將底稿畫成線稿

用繪圖軟體開啟底稿，將不透明度設定為「15%」。新增圖層，以底稿為基礎，使用 [筆刷：擬真G筆]、[筆刷尺寸：1.0左右]，從臉部輪廓與身體開始描繪線稿。我在這個時候補畫了耳朵。

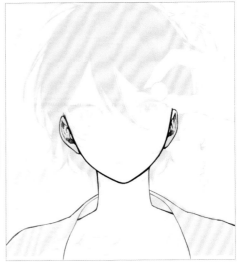

3 修改頭髮的底稿

底稿的頭髮讓我覺得有點不自然,所以我根據頭部的立體感與頭髮的流向來修改底稿,然後重新畫成線稿。我也補畫了髮旋。

4 描繪手掌與細部的線條

描繪手掌、脖子的陰影與鎖骨等細部的線條。畫手的時候,我會盡量參考實物或照片。如果沒有範本,使用3D模型就能畫出自然的成品,所以我很推薦大家使用。

POINT

線稿全部都是用預設的[擬真G筆]來描繪,但會依部位來更改筆刷的尺寸。髮尾或脖子的陰影等較細膩的部分是使用0.1～0.7,輪廓線或服裝等較粗的線則是設定在0.8～2.0。

5 使用透明色的筆刷來消除重疊的線條

現在要消除手掌與頭髮或服裝的線稿重疊的部分。選取頭髮與輪廓的線稿圖層，在這個狀態下點擊圖層面板的

[建立圖層蒙版]按鈕。這樣就能套用蒙版，接著請將筆刷的描繪色設定為「透明」，把多餘的線條擦掉。

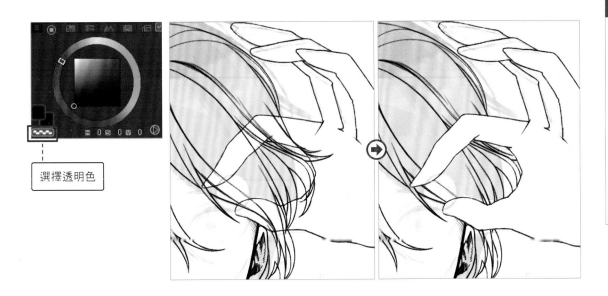

選擇透明色

6 描繪臉部五官的線稿

開始描繪眼睛等五官的線稿。繼續使用[筆刷：擬真G筆]，首先用平塗的方式描繪上睫毛。接著要畫下眼瞼，但這裡要畫出眼瞼內側的粉紅色黏膜部分，所以要用兩條細線（筆刷尺寸：0.5左右）畫出立體感。繼續使用細密的重疊線條來表現眼頭與臥蠶。畫上臥蠶，就能一口氣營造可愛的形象。

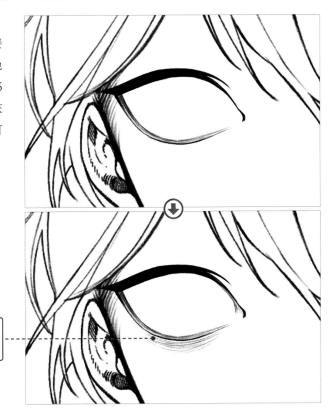

用重疊的細線來表現下眼瞼與臥蠶

7 描繪下睫毛、上眼瞼、眼瞳

畫上一點一點的短線，表現出沿著下眼瞼向外放射的下睫毛。在上眼瞼處，我用兩條線來表現雙眼皮，以及眼睛與眉毛之間的凹陷。眼瞳的部分還會再深入描繪，所以我只畫了輪廓線，以便後續的調整。

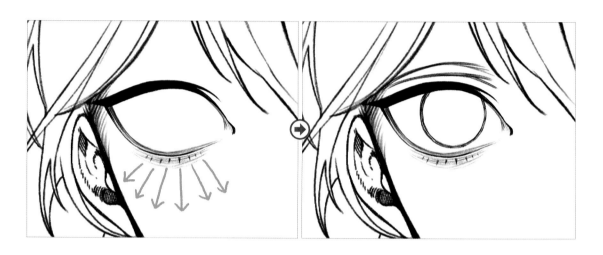

8 以反轉的方式描繪另一隻眼睛

描繪另一隻眼睛之前，複製剛才畫好的所有眼睛圖層，組合並套用左右反轉。以左右反轉的眼睛來決定位置，參考它的形狀，完成另一隻眼睛的線稿。

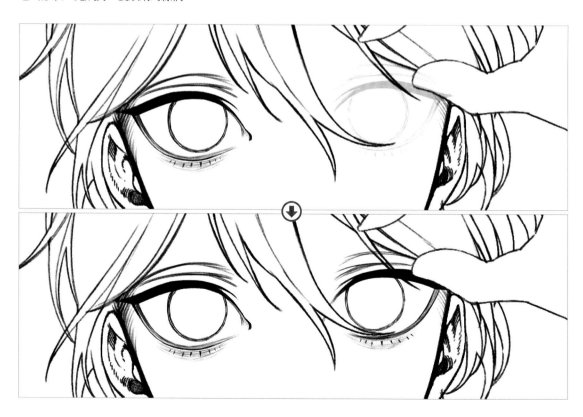

9 注意毛流，描繪眉毛

按照眼尾濃密、眼頭稀疏的原則，描繪眉毛的形狀，然後疊上沿著毛流排列的線條。兩邊的眉毛都畫好之後，對眉毛的圖層加上蒙版，用透明色的筆刷擦除與頭髮或手重疊的線條。

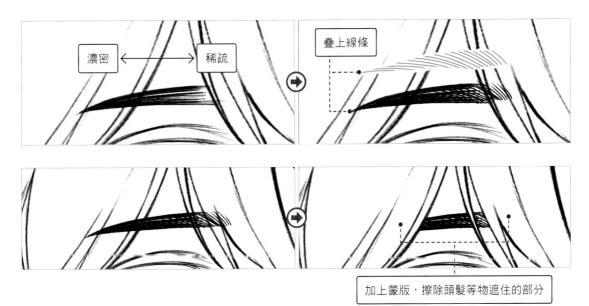

加上蒙版，擦除頭髮等物遮住的部分

10 描繪鼻子與嘴巴

在臉部正中央畫上簡略的骨架線，描繪出鼻孔與鼻梁。接著，留意鼻子的線條並畫出嘴巴。如果有需要修改的地方就在這個時候調整位置，這麼一來線稿就完成了！

POINT

描繪臉部線稿的時候，用反轉的方式來取得平衡是很重要的。眼睛等五官特別容易歪斜，所以我會細分圖層，以便隨時調整。

11 塗滿底色，為頭髮加上陰影

分別為肌膚、手、頭髮、服裝塗上各自的底色❶。然後，簡略地畫出頭髮光源的色彩草稿❷，以此為基礎，分成三個階段來描繪頭髮，增添質感❸。

這部分將深灰色稍微調亮

深灰色

亮部

12 也為肌膚加上陰影

畫好頭髮的基礎之後，使用黯淡的米色為肌膚加上陰影。我為眉毛下方與鼻子畫上陰影，製造臉部的立體感，也在耳朵與脖子處描繪落在肌膚上的陰影。陰影比較淡的地方，我會使用**[模糊]**工具來使陰影融入膚色。

表現眼瞳的透明感

為了與彈珠這項關鍵元素產生連結，接下來要表現帶著清澈質感的眼瞳。
仔細描繪黏膜等部分，就能畫出具有真實感且充滿吸引力的眼睛。
描繪每個部位時都要細分圖層。

1 塗滿眼白並描繪瞳孔

在眼睛的線稿範圍內塗上淡灰色，作為眼白的顏色。為了追加黏膜的特徵，使用偏細的[筆刷：擬真G筆]在眼白的邊緣畫上粉紅色。接著，在眼瞳的部分塗滿淡綠色，並描繪瞳孔。我沒有把瞳孔畫成平滑的圓形，而是用細密的重疊線條來表現虹膜的鋸齒狀質感。

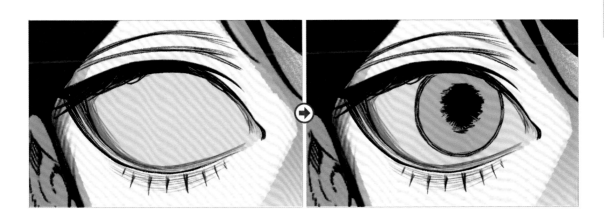

2 為眼瞳加上陰影

為眼瞳的部分加上陰影。為了製造立體感，重點是沿著邊緣描繪陰影。我會根據不同部位的陰影來更改色彩、筆刷與不透明度，調整出適當的效果。

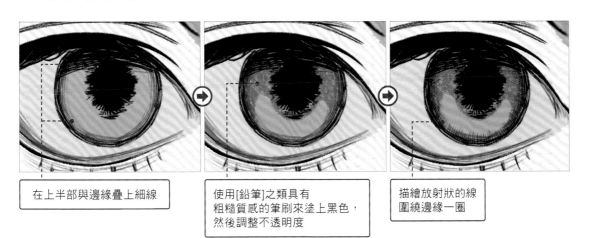

在上半部與邊緣疊上細線

使用[鉛筆]之類具有粗糙質感的筆刷來塗上黑色，然後調整不透明度

描繪放射狀的線圍繞邊緣一圈

3 追加反光與亮部

使用[噴槍：噴霧]，在左側疊上比眼瞳的底色更亮也更鮮豔的綠色，藉此來表現反光。接著在眼瞳的上半部描繪白色的小圓點，作為亮部。將亮部畫在瞳孔的中央偏上，就會使眼睛變得比較可愛，所以我經常這麼描繪。

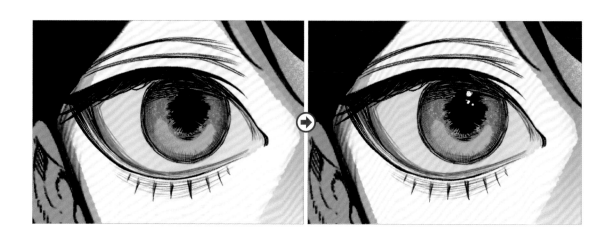

4 加上褐色，使眼睛更繽紛

我在描繪的時候有參考貓的眼瞳，所以在瞳孔下緣處加上了褐色。在冷色系的底色上點綴暖色系，就可以增添可愛的氛圍。

追加一抹褐色

5 進一步加強球體的質感

在靠近光源的角膜上補畫水藍色的亮部。我將形狀調整得像是反射窗框的模樣。畫上這些亮部之後，眼瞳的圓潤感就更強烈了。接著，因為眼睛邊緣的線稿太粗糙，所以我把它填滿了。

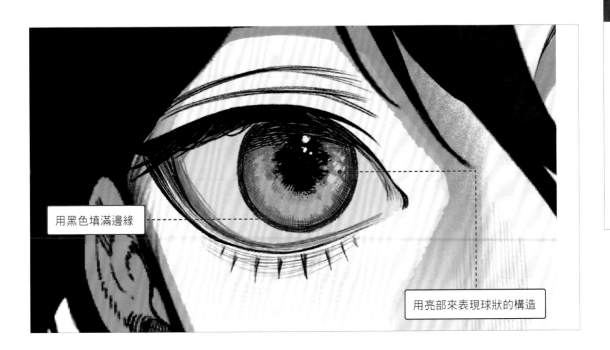

用黑色填滿邊緣

用亮部來表現球狀的構造

6 增添透明感

為了表現清澈的眼瞳，我使用藍色來包圍眼瞳的邊緣。使用的筆刷是[擬真鉛筆]，可以增添質感。這次我選擇的顏色是藍色，但用粉紅色來描繪邊緣也很可愛。為了方便事後更改顏色，建議區分在不同的圖層中。除此之外，我也用接近眼睛底色的亮綠色，在眼瞳的下緣畫了一條線，作為反射光。

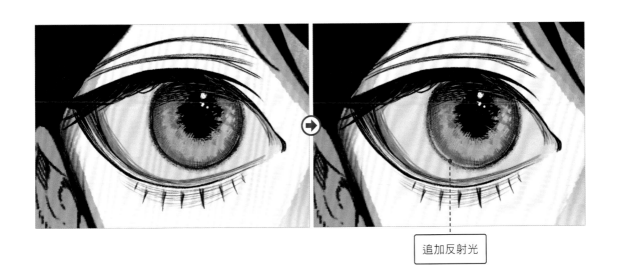

追加反射光

7 補畫虹膜

在虹膜部分補畫長短不一的放射狀線條，表現透著光的感覺。我選擇的顏色是淡米色。接著，我替眼睛邊緣的黏膜上色，為了特別強調眼睛的寫實質感。使用偏暗的紅色或米色來描繪外側的黏膜，就能自然地融入肌膚。

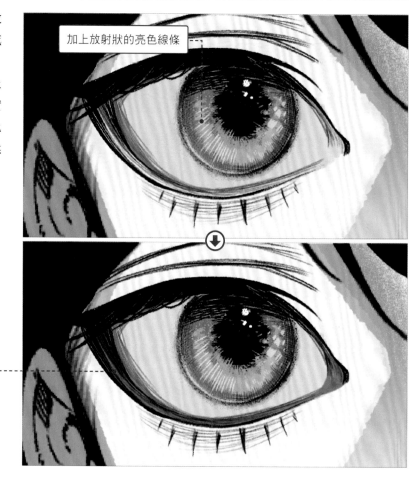

加上放射狀的亮色線條

用偏暗的米色
來描繪黏膜部分

8 描繪臥蠶

配合臥蠶的線稿，塗上偏紅的粉紅色。我使用的是[筆刷：不透明水彩]。因為我想畫出淚眼汪汪的感覺，所以用偏深的顏色來上色，但似乎有點太深了，所以接下來還要視整體的情況做修正。

9 細部調整

確認整體平衡與印象，調整上色的細節。首先在眼睛下緣的黏膜處加上亮粉紅色，使氣色變好。這個部分是在眼睛的線稿圖層上新增圖層，用顏色蓋過線稿。接著，用白色在黏膜部分與累積眼淚的眼頭部分補畫出細小的亮部，使眼瞳更加閃亮。

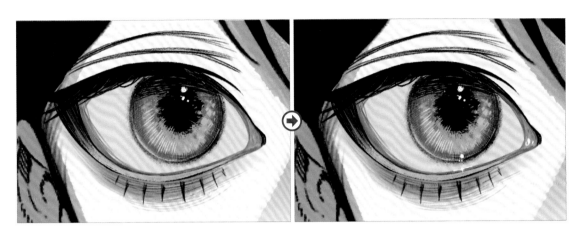

10 完成眼瞳

用同樣的方式描繪另一隻眼睛，眼瞳就暫且完成了！隨著接下來的描繪，還會再發現不自然或是需要補畫的部分，所以請容我再次建議，圖層可以的話最好詳細區分。

深入描繪肌膚與頭髮的細節

繼續描繪頭髮與肌膚的細節，襯托眼睛的透明感與存在感。
描繪頭髮時要參考底色階段的陰影，增添束狀感與光澤感。
描繪肌膚時要加上血色，為人物賦予生命。

1 調整肌膚陰影

調整肌膚的陰影。我在眼睛周圍追加陰影，並畫上瀏海造成的
陰影，然後將脖子的陰影延伸到鎖骨附近。另外，原本的嘴巴
線稿有露出牙齒，但我決定去除牙齒。

2 增添頭髮的動感

使用偏細的[擬真G筆]，描繪四處飄散的
頭髮，同時調整不自然的部分。頭髮的輪
廓確定以後，順著源自髮旋的流向，用褐
色來描繪陰影。使用[筆刷：鉛筆]，畫出
一條一條的線。

3 補畫亮部

太強的亮部在黑髮上會顯得很突兀，所以我會使用階段式的顏色來表現。首先用[筆刷：鉛筆]在想描繪亮部的地方疊上白色，將圖層的不透明度調整至「20%」左右。接著改用[筆刷：擬真G筆]，在上面補畫一根一根受光的頭髮。我也配合頭部的弧度，在瀏海處畫上淡淡的亮部，表現頭髮的光澤感。

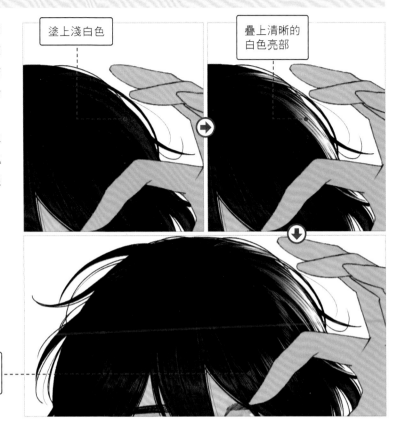

塗上淺白色

疊上清晰的白色亮部

配合頭部的弧度追加亮部

4 追加頭髮的立體感

為了讓頭髮的立體感更強，我用褐色的線補畫了源自髮旋的髮絲。畫面右側的頭髮會反射光線，所以我疊上了白色的細線，畫出發光的感覺。這些髮絲的圖層都位於頭髮線稿的上方。

5 調整臥蠶與下睫毛

隨著臉部的完成度提高，我覺得臥
蠶的顏色看起來有點太深了，於是
降低了紅色調，使其融入肌膚。將
[筆刷：日式滲出筆濃]的描繪色設
定為透明，並將筆刷濃度降低到
70%左右，輕輕擦除紅色調。此
外，我也覺得下睫毛太長，有點過
於搶眼，於是重新畫成稍短的模
樣。

調整下睫毛的長度與
臥蠶的顏色

6 為肌膚增添血色

為了讓接下來要描繪的環境光反射變得更鮮明，現在要
把肌膚的顏色調得更深一點。在肌膚色彩的上方新增圖
層，用[筆刷：噴槍（柔軟）]疊上較深的膚色。另外，
我也在鎖骨下方的肌膚補畫了陰影色。最後同樣使用

[噴槍（柔軟）]在臉頰、鼻子與嘴巴處刷上淡淡的裸粉
色，增添人物的血色。這麼一來，臉部的上色就大致完
成了。

背景的描繪與補充

畫出光線射入的背景之後，必須留意光影的對比，調整各部位的明暗。
另外也要刻意將欲凸顯的眼瞳部分調暗，
強調亮部，完成有立體感的眼瞳。

1 運用光影來描繪背景

我不描繪背景的細節，只專注於表現「光線射入的感
覺」。首先使用筆刷尺寸偏大的[水彩]或[鉛筆]，以灰色
來描繪陰影的範圍。在陰影上面追加設為剪裁的圖層，疊
上橘色，表現射入的光線。

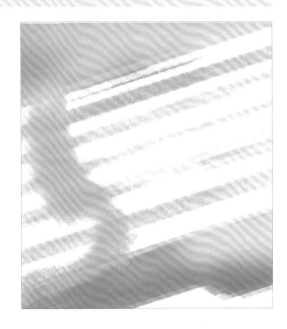

2 調整色彩以襯托眼睛

為了進一步凸顯亮部，現在要將畫得
明亮清澈的眼瞳部分調暗。大幅降低
眼白與眼瞳的明度，也多少降低對比
度，使眼球的色調變暗。另外，為了
稍微減弱下睫毛的存在感，我將線條
的顏色從黑色更改為紅褐色。鼻孔也
不再用線稿，而是改成以色彩來表
現。

3 重新畫上亮部

進一步專注於眼睛的立體
感，重新畫上瞳孔中的亮
部。上方的亮部一開始有
好幾個，但我將它們集中
成一個，讓眼睛的弧度變
得更清晰。

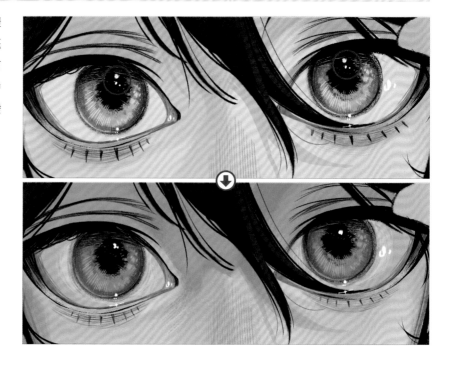

4 調整眼睛與輪廓等地方，補畫嘴巴

眼尾的黑色線條讓我覺得有點不自然，所以我把線條改
成膚色，稍微增加了眼睛的寬度。另外，因為畫面左側
的輪廓看起來有點腫脹，所以我補畫了黑色的線條來調
整。接著，使用[筆刷：鉛筆]，深入描繪嘴巴與脖子的
細節，提高完成度。

5 為肌膚追加透明感與光線

為肌膚加上灰色就能增添透明感,所以我視整體的色調,用[噴槍（柔軟）]疊上了淡淡的灰色。我將灰色輕輕刷在額頭、下巴、脖子附近。接著將反射的光線畫在畫面右側的臉頰處。使用[透明水彩2]疊上膚色,調整圖層的不透明度。以鼻子為界線,區分受光的部分與不受光的部分,思考該將線條畫在哪裡。

6 在眼瞼上描繪亮部

用帶橘的膚色在上眼瞼與下眼瞼追加亮部,為肌膚賦予光澤感。將眼睛的亮部與眼瞼的亮部排列在同一條直線上,就能凸顯眼球的弧度。

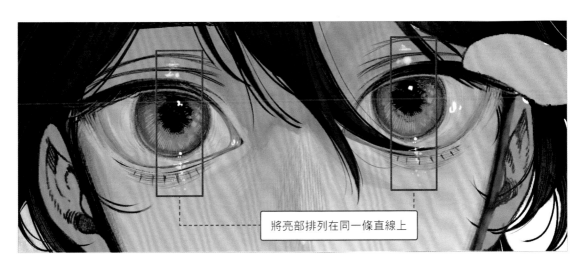

將亮部排列在同一條直線上

7 在臉上重疊光影的線條

配合背景的光影，在人物身上描繪光影。在人物的臉上重疊褐色的線條，使其與背景的白線部分相連，並將圖層的混合模式改為[相加]，製造發光效果。在筆刷方面，需要表現粗糙質感的部分使用[擬真鉛筆]，其他部分則使用[水彩]。然後調整不透明度，取得適當的平衡。

將混合模式改為[相加]

8 描繪彈珠的底色

為手中的彈珠與地上的彈珠塗上底色。為了方便事後再視情況更改彈珠的位置，我將每一個彈珠都區分在不同的圖層。

描繪彈珠並完稿

最後要將彈珠這項關鍵元素畫完，
並深入描繪服裝與手部的細節，直到完成作品。
我在畫面中點綴彈珠受光而閃閃發亮的效果，提升整體的統一感。

1 描繪彈珠

使用[尺規]工具畫出圓形，塗滿彈珠的水藍底色，然後畫上地面與
周圍的色彩（這次是水藍色與膚色）所反射的光線，再降低圖層的
不透明度 ❶。接著，用[變形]工具編輯複製彈珠並擺放在適當的
位置，表現出倒影 ❷。用白色在下半部描繪較強的反射光，表現
光線的反射後，再用[筆刷：G筆]等工具來描繪細小的氣泡。留意
光源的位置，為細小的氣泡畫上亮部，就能增添真實感 ❸。接下
來只要視情況複製到整個畫面上，彈珠就完成了 ❹。複製的時
候，微調尺寸、顏色與倒影等細節，讓每顆彈珠都有變化會更好。

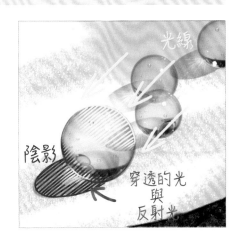

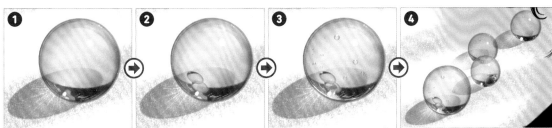

2 為服裝增添質感

為服裝追加布料質地與亮部等細節。在黑色的底色上新
增圖層，用[擬真鉛筆]疊上淡灰色，賦予粗糙的質感。
接著在衣領附近疊上灰色，再調整圖層的不透明度，凸

顯陰影。最後用偏細的筆刷在衣領處補畫上縫線與亮
部，完成服裝的上色。縫線等細節是使用[筆刷：G筆]
來描繪。

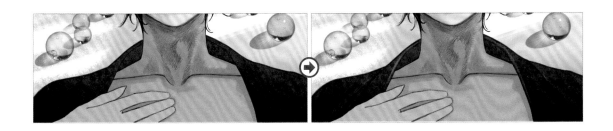

3 深入描繪手部的細節

用色彩來表現手的掌紋與陰影。在靠近光源的手指處疊上明亮的膚色，再用愈來愈暗的漸層來描繪靠近陰影的部分。拳頭部分是凸起的，所以要畫上明亮的顏色，表現出手的形狀。另外，使用彩度與明度偏高的粉紅色來描繪透著光線的手指縫隙，就能提高真實感。針對拿著彈珠的手指，我使用同樣的綠色補畫了放射狀的折射光線。

受光側的耳朵線稿也更改為紅色

4 加上材質後完稿

組合圖層之後，最後要進行完稿的修飾。在整個畫面上重疊淡灰色的材質，然後降低不透明度，使畫面的彩度變得更沉穩。接著，在受光的頭髮與肩膀上描繪輕柔的白光。我使用混合模式設為[加亮顏色（發光）]的圖層，在臉部與手部也畫上了微微的光線。另外，我也用[相加（發光）]的圖層點綴了發光的顆粒，增添閃閃發亮的感覺。最後將對比調整到偏好的程度，這幅作品就完成了！

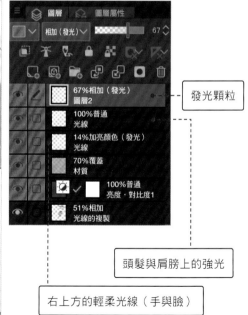

發光顆粒

頭髮與肩膀上的強光

右上方的輕柔光線（手與臉）

［NAME］

金平東

［PROFILE］
自由接案的插畫家。從事MV插畫與Vtuber的Live2D插畫繪製等工作。

［CONTACT］
Twitter：@KONNPEITOU0_0　Instagram：konpeitou0_0
Pixiv：https://www.pixiv.net/users/37354724

［作畫設備］
繪圖板：Wacom MobileStudio Pro 13、CLIP STUDIO PAINT PRO

［Q&A］

Q1　描繪眼睛時特別留意的地方

第一是描繪時要參考照片。看著照片描繪就能增加眼睛的真實感，
使作品更有說服力。貓咪眼睛的照片特別漂亮，我非常推薦！
第二是描繪時要活用左右反轉。如果沒有用左右反轉的方式來保持平衡，
就容易畫出左右眼不對稱，或是不知道在看哪裡的眼神，
所以我會特別留意這個地方。

Q2　如何發展出現在的畫法

因為我不擅長描繪具有立體感的明亮作品，
所以我會蒐集光影表現得很漂亮的照片，參考這些照片，反覆地臨摹。
這個作法拓展了我的表現幅度，讓更多人願意欣賞我的插畫。

Q3　創作插畫時重視的事

我會告訴自己，畫畫時要一點一滴地消除不自然的地方。
我會不斷地從頭重畫，並加以修正，直到完成一幅作品。
如果一直埋首畫圖不休息，就會漸漸對自己作品的缺點感到麻痺，
所以當我放下畫筆，隔了一天再重看，有時候會發現作品中到處都是缺點！

Q4　今後想挑戰的表現方式或工作

我有很多想挑戰的事，其中特別想嘗試書籍或CD的封面插畫。

Q5　給讀者的訊息

謝謝大家願意欣賞我的作品！
希望對眼睛的表現方式感到煩惱的讀者都能有所收穫！

SPIdeR.

這次的主題是帥氣又可愛的角色。我用淡藍色的夾克加上俏皮的徽章來表現可愛的感覺,再用銀色的魚尾短髮與鳳眼來表現帥氣的感覺。白髮加上鮮紅色的眼瞳是非常亮眼的組合,於是我決定採用這樣的配色。瀏海透出睫毛與膚色的部分是我特別講究的地方!希望大家看到這幅作品的時候,都能覺得很漂亮。

將草稿描繪成線稿

首先用紙筆畫出草稿，然後用繪圖軟體開啟，開始描繪線稿。因為我不會在線稿之前加上底稿的步驟，所以會在這個階段調整圖層的不透明度或是使用橡皮擦，仔細調整線稿的視覺效果。

1 根據骨架畫出草稿，轉成數位檔案

用紙筆畫出簡略的草稿。首先用十字線來決定臉的位置，然後依序畫出脖子、肩膀的比例。畫眼睛的時候，我會用圓圈來標示比例。

畫好草稿之後，以掃描或拍照的方式轉成數位檔案，再用繪圖軟體開啟，開始描繪線稿。

2 參照草稿，畫出乾淨的線稿

將草稿圖層的不透明度調降至「50%」，並在上方新增圖層，開始描出線稿。我使用[筆刷：G筆]、[筆刷尺寸：3.0]的設定來描繪線稿。[G筆]畫起來很順手，線條不會給人僵硬的印象，所以我很愛用。我會先從眼睛（包含嘴巴與鼻子）開始描繪線稿。以草稿為基礎，觀察整體的比例，摸索出最適當的位置。描繪睫毛與眉毛等地方時，我會先畫出輪廓線，再用油漆桶填滿顏色。另外，我會考量是否有必要，將不同的部位細分在不同的圖層中。

畫好臉部五官的線稿之後，接下來要調整出清透的感覺。我想把上睫毛畫成被光照亮的樣子，所以用[橡皮擦]工具擦除了一部分的顏色。我將雙眼皮與臥蠶區分在不同的圖層，把不透明度調降至「60%」。然後，

使用[橡皮擦（柔軟）]工具，輕擦雙眼皮與臥蠶的兩端、眼瞳與睫毛、眉毛與鼻子線條的末端、嘴巴的中央處等地方，使線稿變得更清透。

隱藏草稿的狀態

用橡皮擦擦出清透感

調整好線稿之後，合併圖層，將圖層名稱取為「線稿 眼睛」。接著再新增圖層，畫出眼睛以外的線稿。我將圖層名稱取為「線稿 整體」。全部使用同樣粗細的線條來畫就太無聊了，所以我用較粗的線來畫輪廓，用較

細的線來畫內部的細節，製造粗細的變化。

最後回到眼睛的線稿（「線稿 眼睛」圖層），用[橡皮擦（柔軟）]工具，將眉毛與睫毛末端等被頭髮遮住的部分擦淡，表現穿透感。這樣就完成線稿了。

線稿的圖層構造

分成眼睛與眼睛以外的部分

02 塗滿各部位的底色

進入上色階段之前，首先要替各部位塗上不同的底色。底色與線稿相同，區分為名叫「眼睛」的資料夾，以及眼睛以外的「整體」資料夾，在各個資料夾內細分不同的圖層，繼續描繪下去。

1 區分圖層並塗上不同的底色

將不同部位的圖層細分在多個資料夾中，塗上底色。我在描繪底色的時候經常使用[筆刷：噴槍（柔軟）]。塗滿所有底色以後，塗了白色或淡色的部分、線條之間都有可能留下一些沒有塗到的空隙，所以我會建立符合人物輪廓的「角色背景」圖層，檢查是否有空隙。顯示「眼睛」資料夾與「整體」資料夾，然後點選[圖層]選單→[合併顯示圖層的複製]，就能建立「角色背景」圖層。另外，我將頭髮的上色圖層分為頭部與頸部以下的部分。這麼做是為了在下半部增添透明感，或是描繪來自下方的反光時，不讓色彩干擾到上半部，只針對下半部進行描繪。如此一來就不必每次都用橡皮擦來擦除超出範圍的部分，畫起來會更有效率。

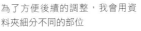

為了方便後續的調整，我會用資料夾細分不同的部位

檢查上色是否有缺漏的「角色背景」圖層

POINT

描繪肌膚的時候，在隱藏「眼睛」資料夾的情況下上色，就可以避免色彩不均勻或沒有塗滿的情況（這就是我將眼睛的圖層單獨區分出來的理由！）。

隱藏眼睛的圖層

肌膚是先用容易辨識的深色來上色，然後再用[鎖定透明圖元]更改成膚色的

為眼瞳與肌膚上色

塗滿底色之後,接下來要完成眼睛,然後為肌膚上色。
描繪眼睛的時候要想像球狀的結構,點綴細密的亮部,呈現閃閃發亮的眼瞳。
描繪肌膚的重點是用色彩來襯托眼睛。

1 描繪眼白的陰影

在眼白的底色圖層上方新增圖層,設為[用下一圖層剪裁]。此後新增圖層時,也要適度利用剪裁功能來上色。使用[水彩:不透明水彩2]的筆刷,用混合了黑色調的紅色來描繪眼瞼造成的陰影,然後將不透明度調降至「70%」,使色彩變得比較自然。

再度於上方新增圖層,疊上淺藍色(水藍色),只露出一點剛才畫好的紅色陰影邊緣。將這個圖層的不透明度調整為「30%」。這樣就暫且完成眼白的陰影了。

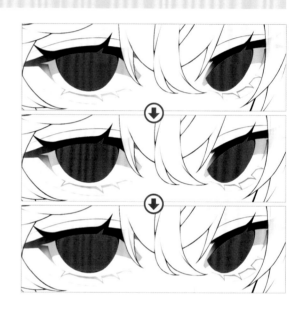

2 描繪眼瞳的陰影

這次在眼瞳的底色圖層上新增圖層,使用[水彩:不透明水彩2]的筆刷,在眼瞳上半部描繪與眼白陰影相連的深紅色,作為陰影。

再度於上方新增圖層,按照光線來自畫面右方的原則,在眼瞳左邊的陰影處輕輕刷上稍暗的紅色,製造漸層。

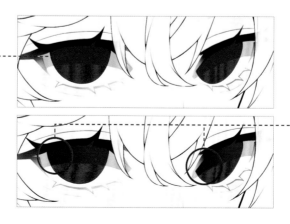

眼瞳的陰影

漸層

3 描繪眼瞳的邊緣與瞳孔

新增圖層，使用比剛才用來描繪漸層的紅色更深（混入黑色）的顏色來框起眼瞳的邊緣，然後用[橡皮擦（柔軟）]工具輕輕擦除下緣。

再度新增圖層，使用比剛才更接近黑色的紅色，沿著眼瞳邊緣描繪，製造出漸層。我也按照視線的方向，用同樣的顏色描繪了瞳孔。

眼瞳的邊緣

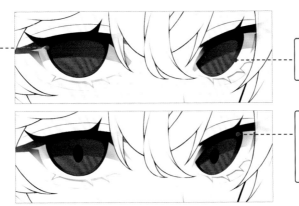

使用「橡皮擦」輕輕擦除下緣

疊上更深的顏色來製造漸層，並用同樣的顏色描繪瞳孔

4 描繪虹膜

新增圖層，使用[筆刷：G筆]、[尺寸：5.0]描繪放射狀的虹膜。以鋸齒狀的筆觸，畫出長短不一的線條會比較傳神。然後，使用[橡皮擦（柔軟）]工具，從下往上輕輕擦除顏色。

因為虹膜的關係，我覺得陰影好像有點太淡了，所以要再調整。追加[混合模式：色彩增值]的圖層，然後使用[筆刷：噴槍（柔軟）]，在眼瞳陰影的左上方輕輕疊上偏深的紅色，使陰影更深。

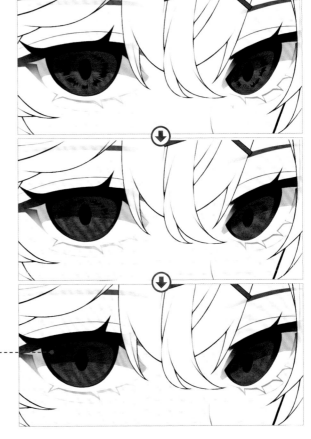

5 增添瞳孔的質感

新增圖層，設為[混合模式：加亮顏色（發光）]。使用稱為[自製噴濺]的免費下載筆刷，對整體眼瞳刷上淡淡的粉紅色，製造有點粗糙的質感。我將不透明度降低至「40%」。

6 加上亮部

接下來要為眼瞳增添細節。在上一個步驟的圖層下方新增圖層，設為[混合模式：相加（發光）]，調整[筆刷：不透明水彩2]的筆刷尺寸，畫出如圖的粉紅色亮部。上色時要小心地保留線條，避免蓋過邊緣線。

接著在上一個步驟的圖層上方適度新增圖層，設為[混合模式：相加（發光）]，用同樣的顏色在瞳孔內部與瞳孔邊緣畫上圓形或三角形的亮部。這時使用的筆刷是[圓筆]。我將瞳孔內部的不透明度改為「70%」，將瞳孔周圍的不透明度改為「50%」，使色彩更柔和。

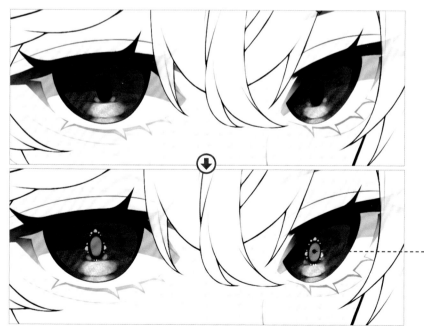

7 進一步增添眼瞳的質感，加強眼神

新增圖層，設為[混合模式：相加（發光）]。使用[筆刷：噴槍：飛沫]以及與剛才相同的淡粉紅色，為整體眼瞳畫上飛沫般的小點，並將不透明度改為「55%」。眼瞳深處多了粗糙的質感，使眼神更鮮明了。

8 為眼瞳疊上藍色的陰影

新增圖層，混合模式維持普通，在左上角加上深藍色。使用[橡皮擦（柔軟）]工具，將右側輕輕擦淡，製造漸層。然後，我將不透明度改為「60%」，使色彩更自然。

為了清楚呈現藍色的範圍，圖為降低不透明度之前的狀態

9 追加使眼瞳更有圓潤感的亮部

新增圖層，設為[混合模式：相加（發光）]。使用[筆刷：圓筆]與淡粉紅色，在右上方描繪長方形的亮部。

想像角膜的質感，畫出符合眼睛弧度的形狀，就能使眼瞳更有立體感。

10 暈開亮部，使其更自然

將描繪亮部的圖層不透明度調降至「66%」，再用[橡皮擦（柔軟）]工具，輕輕擦除亮部的下半段，呈現漸層狀。最後，點選[濾鏡]選單→[模糊]→[高斯模糊]，在顯示的對話方塊中設定[模糊範圍：3.50]，將亮部暈開，變成更自然的樣子。

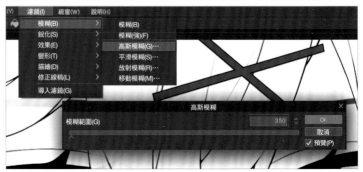

11 描繪各種形狀的亮部，增添閃爍感

新增圖層，設為[混合模式：相加（發光）]。使用[筆刷：圓筆]，在眼瞳上半部追加白色的菱形與長方形亮部。期間要視情況使用[橡皮擦（粗糙）]工具來調整形狀。

再度新增[混合模式：相加（發光）]的圖層，在眼瞳外圍畫出白色的波浪狀線條。使用[橡皮擦（柔軟）]工具，從下方輕輕擦除顏色，製造漸層。我將不透明度調整為「30%」，使它變成自然融入眼瞳的淡淡白線。

在中央與邊緣處追加亮部，並調整不透明度

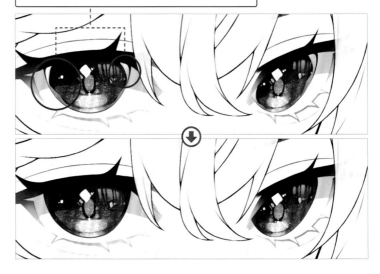

12 疊上淡粉紅色，強調亮部的光芒

新增[混合模式：相加（發光）]的圖層，使用[筆刷：圓筆]，在邊緣線上與眼瞳中描繪更多圓點狀的細小亮部，再將不透明度調整為「31%」，使其發出微微的光芒。

再於上方新增[混合模式：相加（發光）]的圖層，使用[筆刷：噴槍（柔軟）]在想要加強光芒的亮部上面重疊淡粉紅色，強調發光的程度。我將不透明度調整為「63%」。這樣就畫完眼瞳的亮部了！

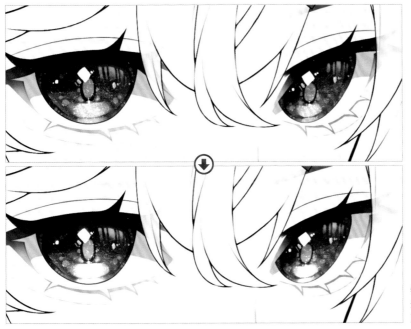

特別針對較大的亮部使用[相加（發光）]圖層來疊上色彩，就能使光芒更強烈

13 調整眼睛的線稿色彩

在「線稿 眼睛」圖層的上方新增圖層。在眼尾、眼頭、下睫毛處塗上紅色（眉毛也跟著染上了一點紅色，但我決定維持現狀）。追加另一個圖層，在睫毛的左上部分疊上藍色。我將不透明度調整為「70%」。

上睫毛兩端與下睫毛

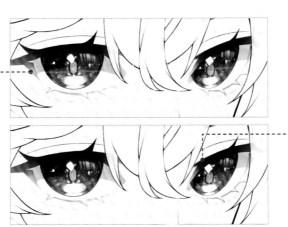

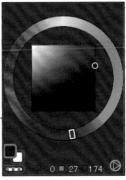

上睫毛左側

14 在睫毛上補畫光點

接下來要再加上細部的調整。首先，新增設為[混合模式：相加（發光）]的圖層。使用[筆刷：圓筆]，在上睫毛的範圍內畫上粉紅色與水藍色的光點，將不透明度調整為「30%」，使顏色變得更淡也更自然。接著，新增普通的圖層，使用[筆刷：圓筆]與粉紅色，將眼瞳下緣的線稿重畫成比較自然的樣子。另外，我也在下睫毛處補上了細小的光點。

將眼瞳下緣的線稿改成粉紅色。也在下睫毛處描繪光點，調整不透明度

15 重疊色彩，增添深度

接下來要在睫毛的陰影與眼瞳邊緣重疊色彩，使眼瞳更深邃，加強眼神的吸引力。在描繪眼白的「白色」資料夾上方新增[混合模式：色彩增值]的圖層，使用接近眼瞳的紅色，輕輕疊在眼白的陰影部分，使顏色更有層次。不透明度要調降至「45%」，使色彩更自然。

接著，新增普通的圖層，使用[筆刷：不透明水彩2]，框起眼瞳的邊緣。上方使用暗紅色，愈往下則使用愈淡的粉紅色來描繪。此外也要在眼瞳外框的邊緣處塗上一點點藍色。感覺就像是畫出藍色→暗紅色→粉紅色所形成的漸層。讓藍色稍微滲透到眼白處，眼瞳看起來就會更加水潤。

最後將不透明度調降至「80%」，使色彩更自然。另外還要選取這個圖層，然後點選[濾鏡]選單→[模糊]→[高斯模糊]。在顯示的對話方塊中設定[模糊範圍：7.85]，就能使眼瞳變得更加水潤。

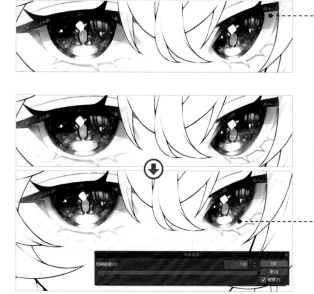

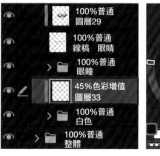

在眼白的陰影處疊上紅色，增添深度

暈開眼瞳的邊緣，表現水潤感

16 追加細小的亮部

在「眼睛」資料夾的最上方新增圖層，補畫
上更多亮部，呈現眼睛的圓潤感。將不透明
度調降至「40%」，使用[橡皮擦（柔軟）]
工具，輕輕擦除亮部的下半段，製造漸層。
我更套用了[高斯模糊]，暈開整體的顏色。
再度新增圖層，設為[混合模式：相加（發
光）]。使用[筆刷：圓筆]，補畫細小的點狀
亮部，增添閃亮感。

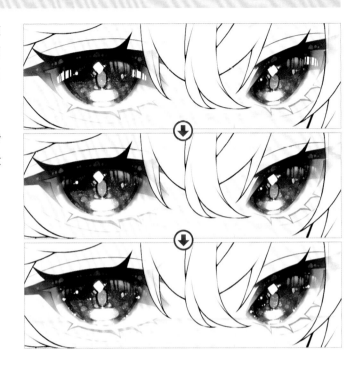

17 進行眼瞳的最終調整，補畫睫毛的界線

在「眼睛」資料夾上方新增圖層，設為剪裁，並改為
[混合模式：變亮]。使用[筆刷：噴槍（柔軟）]，為整
體眼睛疊上淡藍色，再將不透明度調降至「50%」。
眼瞳因此變得更加清澈了。

最後新增[混合模式：相加（發光）]的圖層，使用偏細
的[筆刷：G筆]，清晰地描出上睫毛下緣的線條（與眼
瞳之間的界線）。再將不透明度降低到「72%」，調
整視覺效果。這麼一來眼睛就完成了！

18 為肌膚加上血色與陰影

首先，在「肌膚」資料夾內新增普通的圖層，用底色的圖層進行剪裁。使用[筆刷：噴槍（柔軟）]，在眼睛下方、耳朵上半部、鎖骨線條等處疊上淡淡的色彩，增添血色。我將不透明度調降至「70%」。

接著要描繪陰影。使用[圓筆]或[G筆]，以偏暗的粉紅色來描繪頭髮、服裝、眉下、耳內、脖子、鎖骨所造成的陰影。較暗的耳內、脖子與臥蠶的陰影部分則用[色彩增值]圖層疊上偏深的紅色，並調整不透明度。

19 強調眼睛，調整眼白

新增圖層，設為[混合模式：色彩增值]。使用[筆刷：不透明水彩2]，在眼睛周圍畫上稍深的粉紅色，強調眼睛。我也在嘴唇與肩膀的陰影附近補上了一點紅潤感。另外，因為我覺得眼睛看起來有點突兀，所以要再調整眼白。在描繪眼白的「白色」資料夾最下方新增圖層，開啟[鎖定透明圖元]，將眼白的部分重新畫成接近肌膚的顏色。

20 加上亮部，表現肌膚的光澤

新增[混合模式：相加（發光）]的圖層，使用[筆刷：噴槍（柔軟）]，在肌膚受光的部分（畫面左側的臉部、脖子、畫面左側的肩膀等等）輕輕疊上淡粉紅色，使膚色更明亮，呈現立體感。接著同樣新增[相加（發光）]的圖層，使用[筆刷：不透明水彩2]，在眼瞼上方、眼睛周圍、臉頰、鼻子與肩膀等處畫上淡膚色的亮部。我將不透明度改為「4%」，讓亮部不至於太突兀。最後，我新增普通圖層，將嘴唇畫成粉紅色，再用[相加（發光）]圖層在下唇處補上點狀的亮部，呈現唇蜜的質感。

嘴唇的放大圖

04 為服裝與配件增添立體感

為服裝與配件加上陰影與亮部，賦予立體感。
這些部位的上色方式（步驟）幾乎都相同，所以我會以比較簡略的方式來解說。
「光源位於何處」是每個步驟共通的重點。

1 在底色上補畫陰影與光澤感

為服裝與配件上色時，要在底色上描繪陰影、反光與
亮部。夾克原本的底色是卡其綠，但我覺得有點不太
搭調，於是又更改為海軍藍。服裝與配件的上色方式
幾乎都相同，所以我省略了詳細的解說，將基本的上
色方式統整為以下的幾點。

● 在底色圖層上方新增[混合模式：色彩增值]的圖
層，並設為剪裁。注意光源的位置與人體的形
狀，描繪陰影，然後調整不透明度。

● 再度新增[色彩增值]的圖層，使用與剛才的陰影
相同的顏色，在想要表現更清晰陰影的部分疊上
色彩，畫出更深的陰影。

● 在靠近肌膚的面或接近光源的面描繪反光。新增
普通的圖層，使用[筆刷：噴槍（柔軟）]輕輕刷上
膚色或背景色，然後調整不透明度。

● 注意光源的位置，加上亮面。在[混合模式：相加
（發光）]的圖層畫上明亮的顏色，表現光澤感。
根據想要呈現的效果，可以視情況調整不透明
度。

我重複以上的步驟，完成了服裝、徽章、脖子的頸
鍊、耳環、髮夾等物品的上色。

描繪服裝時的重點在於呈現衣領內側的膚色反光。此外，亮部除了畫
在衣領上緣以外，也要畫在直線處才能呈現服裝的立體感

我重畫了徽章的圖案，
並配合圓形的弧度，加
上了亮部

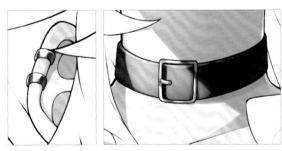

耳環的內側要用淡淡的粉紅色畫上耳朵造成的反光。亮部則用[相加
（發光）]圖層的膚色來描繪。頸鍊不只包含肌膚造成的反光，我還
在兩端追加了一點夾克的藍色反光

在髮夾上描繪亮部與頭
髮造成的反光，觸碰到
額頭的一端則用粉紅色
追加肌膚的反光

05 描繪頭髮的束狀感與光澤感

最後要為頭髮上色。因為我將角色設定為銀髮，所以要盡量摸索出有光澤感的表現方式。
除此之外，我在瀏海的部分追加反光的色調來呈現透出肌膚與眼瞳的樣子，製造穿透感與
空氣感。

1 描繪陰影，表現光澤感

在「頭髮」的底色圖層上方新增圖層，使用[筆刷：G
筆]畫出頭髮的深色。我考慮到亮部，沿著髮流畫出細
密的陰影。脖子以下的部分使用[普通]圖層，頭部上方
則使用能凸顯亮部的[色彩增值]圖層，兩者的不透明度
都是「35%」❶。

接著為了強調頭髮的光澤感，新增[混合模式：色彩增
值]的圖層，疊上與剛才相同的顏色，表現頭髮的陰影
與深色部分的光澤感❷。想要將陰影部分畫得更有層
次時，我會用這種方式來重疊色彩。不透明度也同樣設
為「35%」，使色彩更自然。

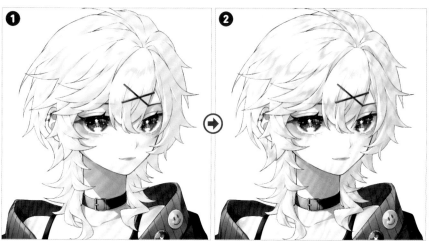

2 加上反射光，呈現穿透感

新增圖層，用淡淡的紅色在臉部周圍與脖子周圍
的頭髮末端畫上反射光。眼睛周圍則畫成透出眼
瞳的感覺。

3 強調頭髮的光澤感

新增[混合模式：相加（發光）]的圖層。用[筆刷：噴槍]為畫面左側的頭頂與脖子周圍的頭髮疊上淡淡的膚色，使顏色變得更明亮，進一步強調頭髮的光澤感。因為是銀髮，所以我很重視頭髮的流向與光澤感。

4 調整線稿色彩

最後，為了稍微增添穿透感，我要為頭髮的線稿上色，使它看起來更輕盈。在線稿圖層上方新增圖層。用淡藍色描繪整體，用粉紅色或淡紫色描繪臉部周圍（瀏海中央附近），將黑色線稿的某些地方調整成稍微明亮一點的樣子。

將臉部周圍的線稿畫成粉紅色或淡紫色，呈現華麗的感覺

描繪背景並完稿

插畫到了這裡就幾乎是完成了,但為了讓作品看起來更吸引人,最後還要再加上修飾與微調的步驟。使用稱為「光暈效果」的技巧,就能讓插畫的色澤更漂亮,看起來彷彿會發光的樣子。

1 描繪背景

背景的顏色讓我很猶豫,但我最後決定塗上簡單的粉紅色。我用粉紅色填滿背景的方形範圍,將一部分留白。

2 套用模糊並重疊

單獨顯示「眼睛」、「整體」資料夾與「角色背景」圖層,點選[圖層]選單→[合併顯示圖層的複製],建立角色插畫的複製圖層。再次複製已經複製並合併的圖層,將混合模式改為[色彩增值],確認插畫的深淺,將不透

明度調整為「8%」。

接著再點選[濾鏡]選單→[模糊]→[高斯模糊],稍微暈開整個角色。如此「疊上模糊的圖層」,整個角色就會透出輕柔的光線。

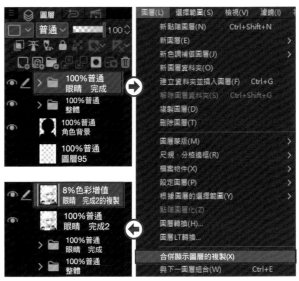

3 補畫髮絲與背景

因為頭髮太過整齊，所以我新增了圖層，使用[筆刷：G筆]來補畫一根一根飛散的髮絲。

另外，我也覺得背景有點單調，於是新增[混合模式：相加（發光）]的圖層，使用[筆刷：噴槍：飛沫]，在背景處點綴一粒一粒的白點。

4 加上「光暈效果」①（色調補償）

最後要加上「光暈效果」，讓插畫的肌膚與頭髮等處變得更亮麗（更閃亮）。首先使用與剛才相同的[合併顯示圖層的複製]，將包含背景的所有圖層合併起來。接著複製已經複製並合併的圖層，點選[編輯]選單→[色調補償]→[色階]。顯示[色階]對話方塊以後，將輸入滑桿拉到右側，轉換成濃烈的色彩。

❶ 描繪飛散髮絲的圖層
❷ 用飛沫筆刷點綴背景的圖層
❸ 合併所有圖層並複製的圖層
❹ 合併所有圖層並複製的圖層2（對這個圖層套用色階）

5 加上「光暈效果」② （高斯模糊＋[濾色]模式）

將圖層的顏色調深以後，對圖層套用模糊效果。我點選 [濾鏡]選單→[模糊]→[高斯模糊]，將模糊範圍設定在 「21.18」左右。在這個狀態下改為[混合模式：濾 色]，將不透明度調降至「20%」。這樣就能為插畫加 上光暈效果，使整體的顏色更鮮明，而且看起來就像會 發光一樣！

6 完稿

我選取了如圖的髮尾與服裝邊緣，對這些範圍套用[高 斯模糊]，作為最後的調整。針對模糊的範圍，我使用 噴槍等工具，疊上淡淡的白色或粉紅色，使其更自然地 融入背景。接著再隨手替耳環與徽章等配件畫上閃閃發 亮的光芒，這幅作品就完成了！

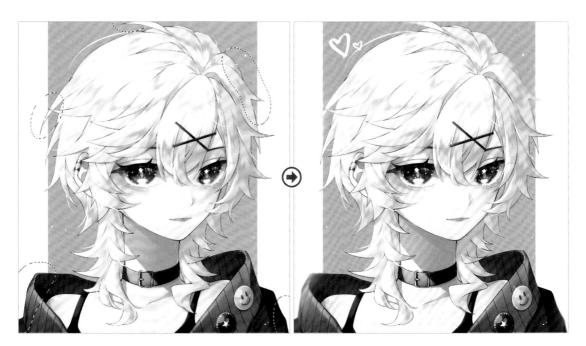

[NAME]

SPIdeR.

[PROFILE]

喜歡遊戲，特別是魔物獵人、勇者鬥惡龍等等。身為一名學生，總是精益求精，目標是進入遊戲公司任職。興趣是看電影（閱讀BL書籍）。

[CONTACT]

Twitter：@ru_a_le_01（主要帳號）／@ru_a_le_02（收費委託專用帳號）

[作畫設備]

液晶繪圖板：Wacom Cintiq16、CLIP STUDIO PAINT PRO

[Q&A]

Q1　描繪眼睛時特別留意的地方

因為我覺得眼睛是多數人最快注意到的地方，所以為了讓人看一眼就入迷，
甚至感到陶醉，我每天都在煩惱要怎麼畫出迷人的眼睛。

Q2　如何發展出現在的畫法

我抱著不想跟任何人重複的想法，經歷一番研究才達到現在的狀態。
其中還有改善空間，我也覺得可以畫得更細緻。
我認為光是透過眼睛就能描繪出我想表現的世界。

Q3　創作插畫時重視的事

對於裝飾或不太顯眼的部分，我會特別投注心思。
我希望讀者可以感受到「作者連這種地方都很講究喔」。

Q4　今後想挑戰的表現方式或工作

我喜歡構思裝飾，所以想畫配件集之類的東西。
我想單靠眼睛來表現季節感、心境、景色與世界。
另外，我也想嘗試遊戲角色、VTuber角色設計的工作。

Q5　給讀者的訊息

我認為繪畫沒有正確答案，單純地將自己感到好奇
或是喜愛的事物融入其中，作品就會漸漸成形。
例如想表現水的質感時，就能畫出隨著水波盪漾的輪廓等等……。
我認為眼睛也是傳達角色情感的部位，
所以在描繪的時候考慮到這一點，畫起來會特別快樂，
而且也會萌生熱情，進而愛上繪畫！

Illustration & Making by

湖木マウ

使用軟體
ibisPaint

我從以前就想嘗試描繪熊耳，所以創作了這幅以熊與蜂蜜為主題的作品。我著重於透明感與色彩的美感，將寫實的造型與質感表現，以及插畫技法的優點融入到作品之中。我在各處添加與主題有關的元素，用強勢的表情來表現熊的凶暴，用髮型來表現熊毛的蓬鬆質感，也希望大家能將焦點放在女孩與熊的連結上。

從骨架開始描繪草稿

01

首先要配合完稿尺寸，畫出簡略的骨架，評估構圖與姿勢。一開始我不會描繪到細節，也不將畫布放大，而是在確認整體比例的情況下描繪。另外，我會在草稿階段就將線條整理到一定的程度。

1 根據骨架畫出草稿

使用沒有粗細變化的筆刷，畫出能表達姿勢與臉部方向的粗略骨架。這次我想特別凸顯臉部，所以我想到了用手扶著臉的姿勢，引導讀者將目光集中到臉上。

畫好骨架以後，在上方新增圖層，一邊確認整體的比例，一邊畫出草稿。這個時候使用的也是沒有粗細變化

的筆刷。為了在往後的底稿與線稿階段畫出整潔的線條，我在這個階段會盡量不畫得太簡略。另外，描繪眼鏡的時候先畫出正面的鏡框，再用**[變形]**工具配合臉部的角度與透視，比較不會畫出錯誤的透視。

2 建立色彩草稿

為畫好的草稿塗上大致的色彩。顏色特別濃烈或華麗的部分，可能會在實際上色時覺得效果不如預期，或是看起來雜亂無章，所以我會在畫線稿之前就決定配色，觀察整體的平衡。

 POINT

> 這次我將光源設定為順光（來自正面的光），所以沒有在這個階段畫上陰影；但如果是逆光等陰影面積較大的構圖，我就會在這個階段描繪大致的陰影。比起正式上色的時候再決定各部位的陰影型態，不如先掌握成品的印象，這樣一來才能畫得更順利。

02 先描繪底稿 再畫成線稿

進入描線的步驟之前，我會再加上整理草稿線條的「底稿」步驟。一步一步將線條畫得更細緻且乾淨，就能減少「成品看起來跟草稿差很多」之類的失誤，所以我一定會進行這個步驟。

1 將草稿畫成更清晰的「底稿」

新增圖層，根據上一步驟的草稿，畫出線稿。因為沿著草稿的粗線條外側或內側描繪，看起來會不太一樣，所以我會在畫線稿之前就會先測試效果，找出適當的畫法。

我使用的筆刷是有粗細變化的[軟和式筆（渲染）]，並且經過調整。為了與線稿作出區別，我將筆刷的顏色改成了藍色。

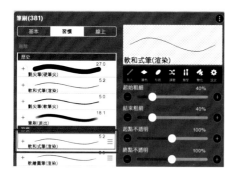

2 將底稿畫成線稿

使用與步驟1一樣的筆刷，開啟筆刷平滑處理，開始描繪線稿。首先從臉部周圍畫起。為了讓線條更有變化，過程中要調整筆刷的粗細，用較粗的線條畫輪廓，用較細的線條畫睫毛等細節。臉部與身體的線稿是參考現實中的人體造型與妝容。雙眼皮的線條與手掌的紋路畫得比其他線稿更細，藉此表現皮膚的輕薄感。

 POINT　隔著太陽眼鏡鏡片的部分也畫得比其他線稿更細，這麼做可以表現鏡片的厚度與層次感。

3 仔細描繪頭髮、服裝、配件的線稿

以粗細不一的線條，繼續描繪線稿。頭髮與服裝也要用較粗的線條來描繪輪廓，用較細的線條來描繪髮流、皺褶與縫線等細節。為了在頭髮中融入熊毛的蓬鬆感，這次我將髮尾畫得比較捲，目標是呈現有點厚重的髮質。此外，描繪衣領的褶線與袖子時，我會特別注意布料厚度的表現。

4 修改太陽眼鏡的造型

我要描繪的是有框的太陽眼鏡，但到這裡才發現自己誤將鏡腳等零件直接畫在鏡片上，變成了無框的構造，於是修改了造型。

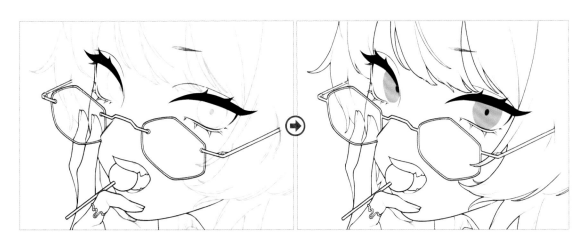

03 以化妝般的方式上色

用不同的圖層區分不同的色彩後，要以化妝般的手法，為肌膚塗上細膩的色彩。分色的步驟會決定這幅插畫的整體配色，再來要畫上陰影並逐步追加質感，經過微調之後就完成了作品。

1 以圖層細分色彩

在線稿下方塗上底色，作為上色的基礎。區分成不同的部位，便於描繪陰影等細節，所以這次我將底色圖層分為背景、肌膚、口內、眼白與牙齒、眼瞳、T恤、外套、刺繡、頭髮、熊、鏡片、糖果、金屬等。像指甲與頭髮內側等需要調整色調的地方，我會使用[剪裁]功能，在別的圖層中上色。

2 決定底色

我選擇彩度比「100%」還要稍低一點的顏色作為肌膚的底色。雖然這種膚色在沒有其他顏色的狀態下顯得沒什麼精神，但再加上紅暈與陰影就會呈現剛剛好的氣色與透明感。

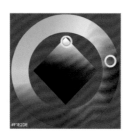

3 加上腮紅與眼影

在步驟2的底色上新增不透明度「100%」的圖層，使用[筆刷：筆刷（淡出）]，在上眼皮～眼尾～臉頰的大片圓形範圍，以及鼻頭、指尖、手掌、鎖骨等皮膚較薄的部位，輕輕畫上一點紅暈 ❶。另外，我也沿著眼線，在靠近眼尾的一半處使用比腮紅的彩度稍低的顏色來描繪眼影 ❷。因為我將眼線畫得比較粗，所以為了避免看起來像是大濃妝，我不會使用彩度太高、太低，或是色調太深的顏色。

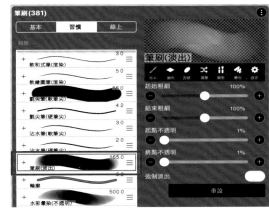

POINT 如果紅暈與底色的色相差距太大，色彩之間就難以相融，所以為了呈現自然的色澤，我這次使用了接近底色色相的橘色。如果是害羞的表情或少女風的彩妝等需要特別強調紅潤感的情況，可以先畫上接近肌膚的顏色作為紅暈的基底，然後在顏色較深的部分畫上稍微偏紅的顏色，就可以讓顏色顯得比較自然。

4 為嘴唇上色

使用與步驟3相同的圖層與[筆刷：筆刷（淡出）]，為嘴唇上色。我使用只描線的簡單手法來描繪上唇。如果是不太深入描繪五官的簡約風格，上色的手法太複雜就會讓嘴唇顯得突兀，所以我會減少細節。只要減少上唇的細節，就算把重點放在描繪下唇也不會顯得突兀，所以我會在這個地方抒發想仔細描繪上唇的心情。[筆刷（淡出）]是只有起點與終點會變淡的筆刷，沿著嘴唇外圍上色，就不必再用橡皮擦或筆刷來調整，上色起來非常容易。將嘴角處的顏色畫得比較模糊，就可以讓它自然地融入臉部。

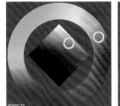

表現肌膚的陰影

這個步驟要表現的陰影有兩種,一是凹凸起伏造成的細微陰影,
二是光線被物體遮蔽所產生的陰影。
根據陰影的呈現方式,有時候也要進行微調,例如擦除原本畫好的線稿。

1 為眼瞼上色

新增不透明度為「50%」的[混合模式:色彩增值]圖層,使用介於灰色與淡紅色之間的顏色來描繪眼瞼 ❶。我使用的筆刷是起點與終點偏細,可以均勻上色的[沾水筆(硬筆尖)]。沿著雙眼皮的線稿,以及上眼瞼的邊緣,使用不透明度「20~30%」的筆刷疊上顏色 ❷。沿著線稿上色,顏色就會像是從邊緣滲出一樣,可以呈現透明感。接著使用相同設定的筆刷,以愈

接近眼尾愈深的方式來描繪下眼瞼,然後用[模糊]工具將靠近眼頭的一半顏色暈開,使其變得更自然 ❸❹。雙眼都用同樣的方式上色就完成了 ❺。我覺得以前流行的病態妝或最近常見的地雷系妝容的眼妝都很可愛,我很喜歡,所以才會為下眼瞼上色。如果是線稿或色彩比較簡約,導致畫起臥蠶會顯得過度立體,看起來不太搭調的作品,我很推薦這種上色方式。

#D1A4A5

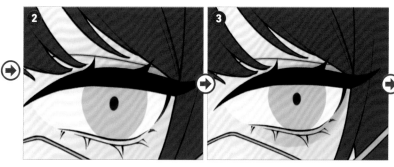

POINT
上色時使用不透明度偏低的筆刷來疊上一層一層淡淡的色彩,成品看起來就會比較柔和。

10.9px   42%

2 描繪臉部五官的細節

以連接雙眼皮的方式，沿著鼻梁上色。這個步驟使用的顏色也跟眼瞼一樣是「介於灰色與淡紅色之間的顏色」，並且調整過不透明度。我不想讓鼻子變得太顯眼，所以把陰影描繪得比較保守。上唇是將顏色疊在化了唇妝的部分，下唇則是沿著嘴唇邊緣畫出漸層感。嘴角是用輕柔的模糊筆觸來描繪。

3 沿著輪廓線描繪，呈現立體感

沿著臉與手的輪廓線上色。為了襯托臉部，我降低了畫面遠處的食指與手掌的對比。想要降低對比的時候，我會使用比其他部分更低的筆刷不透明度（濃度），或是用比較保守的方式上色。

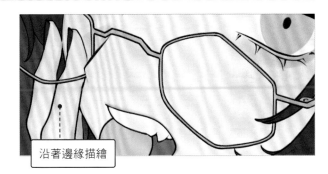

沿著邊緣描繪

4 加上物體造成的陰影

使用不透明度「100%」的筆刷來描繪物體造成的陰影，再用降低不透明度的筆刷暈開各處的顏色。與步驟3相同，為了襯托臉部，我使用不透明度「10～20%」的極淡色描繪整個脖子，降低脖子的對比。

陰影

5 重複描繪陰影

新增不透明度為「50%」的[混合模式：色彩增值]圖層，在步驟3、4所描繪的陰影上重疊色彩。為了襯托臉部，這時同樣要遵守臉部對比最強烈的法則。我擦除了掌紋與胸口的線稿，表現肌膚的柔軟質感。另外，為了將鎖骨描繪成光滑又立體的樣子，我不使用線稿，而是使用色彩來表現。

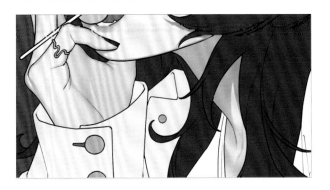

調整肌膚色澤

接下來要仔細調整肌膚的色澤。表現細微的色調變化，或是加上細小的亮部，就能提高作品的品質。即使看起來只是平常不太會意識到的細微變化，也是大幅改變整體印象的必要步驟。

1 為肌膚（眼瞼）加上亮色

新增不透明度為「40%」的[混合模式：屏幕]圖層，用亮褐色為眼瞼增添明亮感。將雙眼皮縫際的眼頭端畫得比較明亮，就能製造從眼頭到眼尾的漸層，呈現透明感。在彩妝的階段為眼瞼加上紅暈，就是為了在這個時候製造漸層。

2 也在鼻子、嘴巴周圍加上亮色

在鼻頭到鼻梁的範圍塗上三角形的單色，然後暈開鼻頭以外的上半部。因為先前已經在彩妝的階段為鼻子畫上紅暈，所以明亮的部分會變得更加醒目。

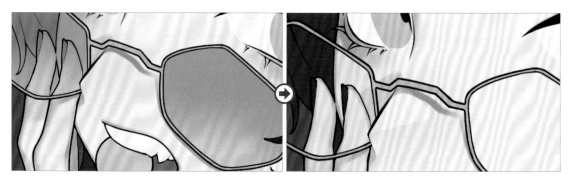

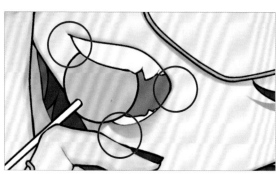

為了襯托陰影與嘴唇的顏色並增加立體感，也要在嘴角與嘴唇下方加上亮色

3 為眼睛、嘴唇、指甲加上亮部，呈現光澤感

新增[混合模式：新增]圖層，使用與步驟1、2相同的顏色，在想要表現光澤感的地方加上亮部。在眼睛周圍的雙眼皮線上方、上眼瞼、下眼瞼的睫毛根部畫上細小的亮部。我想將嘴唇畫成蜂蜜般的水潤質感，於是沿著嘴唇的直條紋畫上一點一點的亮部，同時也為指甲畫上順著方向的細長亮部。

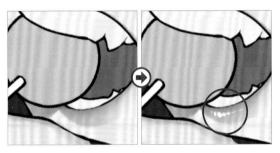 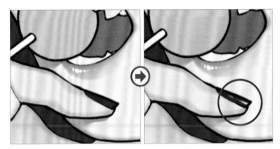

4 進一步為眼瞼與鼻子加上亮色

使用不透明度為「20%」的[混合模式：新增]（加算、發光效果在ibis Paint中即為[混合模式：新增]）圖層，加上與步驟2、3相同的亮色。在[新增]圖層中描繪大面積的色彩時，若不透明度太高就會亮得過於刺眼，

請注意。眼瞼就跟步驟1一樣，在靠近眼頭的地方加上亮色。在[新增]圖層中上色就能呈現發光般的光澤感，這是[屏幕]圖層所做不到的。鼻子也跟步驟2一樣，先畫上三角形的顏色，再暈開鼻頭以外的上半部。

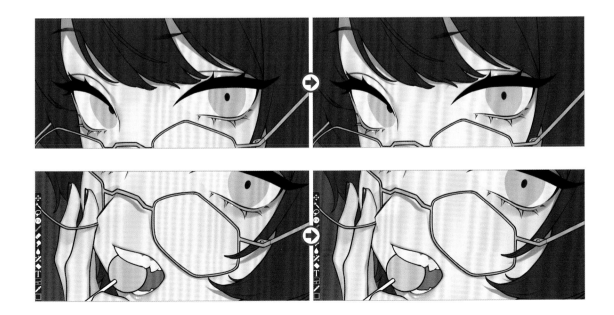

加上亮部

5 調整落在肌膚上的陰影色彩

新增不透明度為「50%」的[混合模式：覆蓋]圖層，在陰影與受光處的交界畫上暖色系的高彩度顏色。為了維持統一感，這次我使用的是與太陽眼鏡同色系的橘色。在太陽眼鏡投射到臉頰上的陰影處也畫上橘色，就能表現光線透過鏡片的效果。與光源相反方向的陰影部分則要畫上彩度稍低的冷色系顏色。這裡也為了維持統一感，使用了接近紫色背景的顏色。

與太陽眼鏡同色系

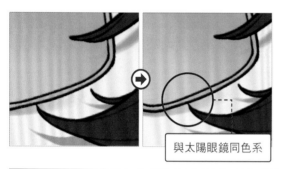 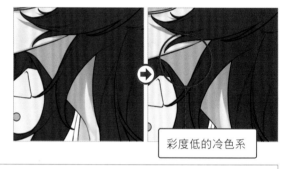

與太陽眼鏡同色系

彩度低的冷色系

POINT 在陰影與受光處的交界畫上暖色，就可以表現肌膚受光而透出血色的樣子；在光源的相反方向畫上冷色，就可以表現光線從地面等處反射上來的樣子，並帶出透明感。色彩會根據光的顏色與背景等環境而改變，但如果這些部分都沒有什麼特徵，只要畫上暖色與冷色就能輕鬆製造空氣感。而且比起只用一種顏色來畫陰影，這麼做也能增加色彩數，使畫面看起來更華麗。

6 調整色調，結束肌膚的上色

以目前的狀態而言，陰影的強度會被背景的顏色掩蓋，所以我將描繪肌膚陰影的[色彩增值]圖層的不透明度從「50%」調高到「60%」。其他部位的上色也要以肌膚的對比為準，像這樣將肌膚的對比畫得比其他部位更鮮明，讀者的目光就會集中到臉上。這麼一來就完成肌膚的上色了。

06 表現口內與牙齒的質感

接下來要表現口內與牙齒的濕潤質感或光澤感。
嘴巴與牙齒雖然小，但卻是能表現角色生命力的部位。
平面風格的插畫是否仔細描繪這裡，給人的印象就會隨之改變。

1 描繪口內的陰影

新增不透明度為「90%」的[混合模式：色彩增值]圖層，開始描繪陰影。畫出所有的細節會給人雜亂的印象，所以我只用不透明度「100%」的筆刷塗滿顏色就結束了陰影的描繪。只不過，單用紅色會缺乏層次感，所以我使用[覆蓋]圖層在口內的深處疊上了藍色系的顏色。

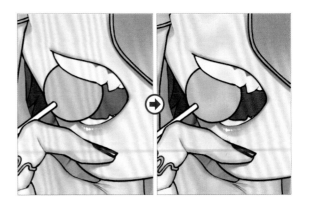

POINT

黏膜的彩度並不高，所以我使用紅色與灰色的中間色來當作底色。另外，因為光線不太會照進口內，所以我選擇比肌膚陰影的彩度更低也更沉穩的色調來描繪陰影。

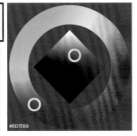

2 為眼白與牙齒加上陰影

新增不透明度為「50%」的[混合模式：色彩增值]圖層，在眼白上描繪睫毛與眼瞼造成的陰影。使用不透明度「100%」的筆刷，沿著眼線平塗以後，再用不透明度「20～30%」的筆刷暈開陰影與底色的邊緣。

接著，為了呈現牙齒的立體感，首先要從畫面遠處朝門牙的方向畫上淡淡的顏色，製造漸層。然後，配合牙齒的凹凸來描繪陰影，讓不容易被光線照到的地方變得比較暗。

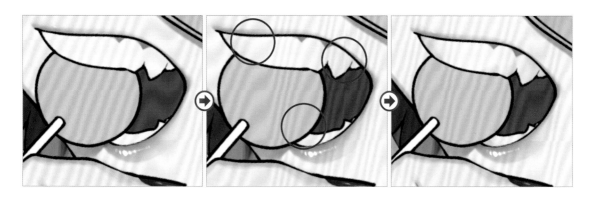

為了加強真實感，眼白與牙齒的底色不是使用純白色，而是稍微混著橘色與灰色的柔和色調。

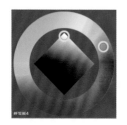

#F1E9E4

牙齦使用的是接近口內底色的色調。為了消除牙齦與牙齒的明暗差異，我使用不透明度偏低的淡色筆刷來暈開輪廓。

#C68B8B

由於暖色系比較能與膚色相融，所以眼白與牙齒的陰影是使用帶橘的灰色。

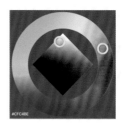

#CFC4BE

3 重疊色彩，使用覆蓋與亮部來進行調整

在步驟2所描繪的眼白與牙齒陰影上重疊同樣的色彩。這個時候，如果用灰色系的色彩來描繪陰影，顏色看起來會比較混濁，所以我使用[混合模式：覆蓋]的圖層來補充色彩。為了維持統一感，我使用已經用過的顏色，

為接近光源的部分畫上暖調橘色，為遠離光源的部分畫上背景也使用過的冷調紫色。另外，我也使用橘色與灰色的中間色，為牙齒畫上了亮部。考慮到形狀，畫上細小的亮部，就能呈現光滑的質感。

07 深入描繪眼睛

眼睛是能隨著畫法的不同而大幅改變角色形象的重要部位。這次我將眼瞳的顏色設定成橘色，並摸索出不會顯得單調的配色。雖然我沒有描繪得多麼複雜，但也對細部進行了細膩的調整。

1 描繪虹膜

新增不透明度為「80%」的[混合模式：色彩增值]圖層，首先用鮮豔的橘色在眼瞳中畫出由上而下的漸層。先用不透明度偏低的筆刷畫出簡單的漸層再模糊，就能製造漂亮的漸層。接著，使用不透明度「20～30%」

的筆刷來描繪眼瞳的邊緣。我不會把眼瞳內部畫得太複雜，所以將邊緣畫成波浪狀，增添變化。眼瞳的上半部要用模糊的方式來暈開色彩。另外，在瞳孔邊緣也畫上色彩就可以讓瞳孔融入底色，呈現透明感。

階段式的漸層　　　　模糊　　　　　　描繪眼瞳與瞳孔邊緣　　　暈開眼瞳上半部的邊緣

2 重複上色以增添色彩的層次

新增不透明度為「70%」的[混合模式：色彩增值]圖層，主要在眼瞳的邊緣疊上橘色，增添色彩的層次。

3 在眼瞳下半部加上亮光

新增不透明度為「30%」的[混合模式：新增]圖層，將眼瞳下半部畫得更明亮。使用不透明度偏低的筆刷畫上橢圓形的顏色，再將顏色暈開。我覺得使用對比色會比較有趣，所以使用了紫色。原本只有橘色系的眼瞳多了紫色，就能表現出透明感。

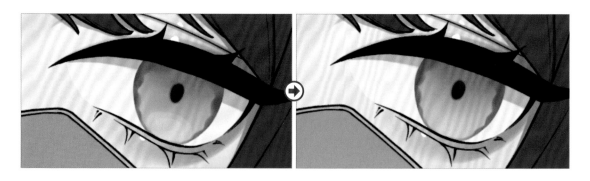

4 補畫最深色，加強眼神

新增正常圖層，用深色框起邊緣，使色調更沉穩。使用不透明度「20～30%」的筆刷來疊上色彩，但稍微保留一點步驟1、2畫好的眼瞳邊緣。將彩度低的顏色畫在彩度高的顏色旁邊，就能進一步凸顯色彩的鮮豔度。

5 以正常圖層來表現反射光

新增正常圖層，在眼瞳與眼線的交界處描繪紫色的反射光。如果是深色系的眼瞳，可以使用[新增]或[屏幕]的混合模式，但這次的偏黃色調不容易上色，所以我使用正常圖層來描繪。

6 增添眼睛的細節

為了讓眼睛更有神，我在右眼的眼瞳正下方補畫了線稿。另外，因為眼瞳邊緣的顏色還是太亮，給人有點模糊的印象，所以我將明度調降「15%」，使色調更沉穩。我接著在下眼瞼與眼瞳的交界處畫上眼瞳的橘色，再用不透明度「100%」的[新增]圖層描繪細小的點狀亮部。

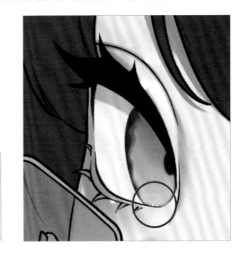

POINT
我想表現水潤又閃亮的質感，所以為了讓黃色系的明亮眼瞳也能呈現強烈的光澤感，我使用了淡紫色來描繪亮部。黃色系以外的顏色或彩度與明度偏低的顏色比較容易上色，所以使用原色來描繪亮部也可以畫出繽紛的有趣效果。

7 使眼瞳與眼白相融

在眼瞳圖層的下方新增正常圖層，用接近灰色的褐色沿著眼瞳邊緣描繪，使其與眼白相融。雖然也可以在描繪眼瞳之前對底色的圖層套用高斯模糊，但是如果不模糊底色，而是採用手繪的方式來暈開色彩，就能保留銳利的印象。

8 描繪睫毛，調整亮度

在線稿圖層上方新增不透明度為「100%」的正常圖層，開始描繪睫毛。使用不透明度「40%」左右的筆刷，以重疊色彩的方式進行描繪。為了保持統一感，我使用了與背景同為紫色系的顏色，但睫毛與眼線的對比太強烈，使睫毛顯得太過醒目，所以我使用[Alpha鎖定]，疊上了稍暗的顏色。

POINT
描繪時將畫布倒過來，從根部朝末端描繪，就能畫出漂亮的線條。

為頭髮賦予質感

為了表現頭髮的立體感，現在要加上髮流、陰影與亮色。像這種特寫臉部的插畫，如果將遠離臉部的地方畫得太過仔細，讀者的注意力就會分散，所以我會特別降低臉部以外的對比與複雜度。

1 變更頭髮內側的顏色，加上漸層

我原本把頭髮的內側設定為黃色，但臉與頭髮的兩處都有黃色會分散注意力，所以我對圖層使用[Alpha鎖定]，把顏色改成沉穩的紫色。接著在底色圖層上方新增不透明度為「50%」的正常圖層，在頭頂處畫上深色，在髮尾處畫上淡色，製造漸層。頭頂處的深色與髮尾處的淡色都是用滴管吸取底色，然後再稍微更改明度的顏色。

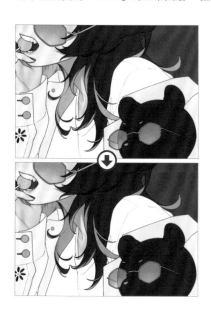

漸層

2 為頭髮加上陰影

新增不透明度為「60%」的[混合模式：色彩增值]圖層，開始描繪陰影。為了表現立體感，我用[筆刷（淡出）]沿著頭部輪廓上色，然後將顏色暈開。瀏海的髮尾也是用同樣的方式描繪。因為底色的色調太暗，不好上色，所以我將明度調高了「5%」。

3 深入描繪髮流與陰影

接著，使用肌膚陰影所用到的[筆刷：沾水筆（硬筆尖）]，在同樣的圖層中描繪髮流與陰影。以「20～30%」的不透明度重疊色彩，並適度暈開顏色，使其更自然。全部暈開會給人呆板而沉重的印象，完全不暈開又無法畫出柔軟的質地，所以要將某些地方暈開，同時表現銳利與柔和的感覺。黑髮上的陰影不好辨識，看不出是否有確實上色，所以我會使用[反轉圖層色彩]工具，將底色暫時反轉，這樣比較容易描繪。

 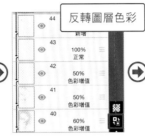 

反轉圖層色彩

POINT 為了配合角色的眼睛與彩妝的顏色，我使用的頭髮底色是混入些微橘色調的深灰色。而且為了避免讓頭髮內側的紫色顯得混濁，我選擇用帶紫的灰色來描繪陰影。

4 進行調整，強調臉部

新增不透明度為「50%」的[混合模式：色彩增值]圖層，以臉部周圍為中心，在步驟2所上色的部分重疊色彩，將臉部周圍的陰影畫得更深。再新增另一個不透明度為「50%」的[色彩增值]圖層，進一步強調臉部周圍的陰影。接著以不透明度「100%」的正常圖層，補畫頭髮內側的髮絲。描繪陰影的時候，如果覺得要避免顏色超出界線是一件麻煩的事，我就會像這樣事後補畫。

補畫髮絲

5 加上亮部

新增[混合模式：新增]的圖層，開始描繪亮部。為了維持統一感，我使用了接近背景的顏色。在彩度低的頭髮上描繪彩度高的亮部，或是在有一定彩度的頭髮上使用色相不同的顏色，就能畫出有趣的配色。順帶一提，藍色適合搭配任何顏色，而且又能輕鬆製造透明感，所以我經常使用。

6 強調漸層

新增不透明度為「30%」的[混合模式：新增]圖層，在陰影的邊界補上亮色。為了表現瀏海的弧度，我希望髮尾處可以畫得夠暗，所以事後要在沒有畫陰影的地方補上明亮的顏色。在圖中的紅線範圍內上色，然後沿著箭頭的方向暈開色彩，就可以製造出漂亮的漸層。為了不干擾到亮部，我使用的是彩度偏低的紫色。

7 加上反射光，使用覆蓋來調整色調

使用與步驟6相同的圖層，加上反射光。為畫面遠處的頭髮畫上類似背景的深紫色，使其融入背景。接著，新增不透明度為「50%」的[覆蓋]圖層，調整頭髮的色調。像剛才一樣，使用[筆刷：筆刷（淡出）]為畫面遠處的頭髮畫上輕柔的紫色，就能進一步強化統一感。另外，在光源的另一側畫上背景的顏色，就能表現出光線照到背景之後再反射回來的樣子。

8 補畫細部的髮絲

在所有圖層的最上方新增正常圖層，描繪細部的髮絲。用滴管吸取想補畫之處的髮色，用細線來描繪髮絲。如果髮絲畫得太多，就會使頭髮看起來很毛躁，所以請注意不要畫過頭。

完成飾品

接下來要為太陽眼鏡、戒指與糖果等配件上色。
描繪鏡片要著重於反射與透明感,描繪戒指與糖果要著重於光澤感。
重點是不論何者都要配合整體的色調,製造統一感。

1 為鏡片畫上漸層

我想將鏡片畫成帶有漸層的樣子,所以將底色的黃色區分在不透明度「80%」的正常圖層,將漸層的橘色區分在不透明度「60%」的正常圖層。我希望鏡片後方的臉部、手指與頭髮可以稍微透出來,所以將不透明度調整到100%以下。原本畫好的底色與漸層的彩度都太高,我覺得配色有點不夠漂亮,所以調整了色彩,也順便重畫了不夠滑順的漸層。底色使用的是稍微黯淡一點的黃色,漸層則是使用彩度高的橘色。

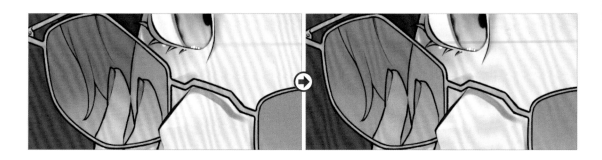

2 為鏡片加上亮部,表現光澤

新增不透明度為「80%」的[混合模式:新增]圖層,開始描繪亮部。使用[筆刷(淡出)],從鏡片的邊緣朝中心重疊色彩,然後暈開接近中心的部分。底色的不透明度如果不是100%,使用剪裁功能就不容易上色,所以我使用選取功能,只在想要上色的範圍中描繪。如果畫出周圍的窗戶或天空等倒影,就能提升真實感,但這次的背景只有填滿單色,所以我將亮部畫得比較簡單。使用與鏡片同色系的黃色就無法畫出偏白的亮部,所以我使用的是彩度稍低的紫色。

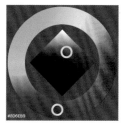

3 加上反射光

新增不透明度為「40%」的[混合模式：屏幕]圖層，使用與亮部相同的顏色和筆刷，在光源的另一側描繪反射光。畫上反射光，鏡片就會顯得更加光滑。不同於亮部，我想畫出比較不明顯的顏色，所以使用了深紫色。熊的太陽眼鏡也用同樣的方式描繪，鏡片就完成了。

淡紫色的反射光

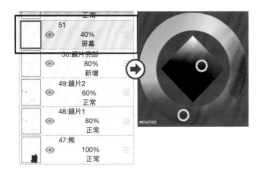

4 完成金屬

熊的太陽眼鏡右邊鏡腳是隔著鏡片的，所以要用滴管吸取鏡片的顏色，再用不透明度「60%」的正常圖層蓋過❶。接下來要為太陽眼鏡的鏡框與戒指加上金屬的質感❷。新增不透明度為「60%」的[混合模式：色彩增值]圖層，使用不透明度「20～30%」的筆刷來描繪陰影。將愈靠近亮部的部分畫得愈深，愈遠的部分則畫得愈淺，就可以表現金屬的光澤。不只是金屬，這種畫法也很適合用來表現琺瑯或亮面皮革等光滑的材質。

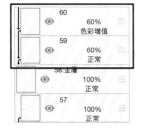

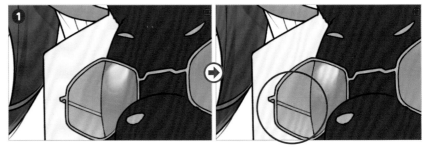

在亮部附近疊上色彩，畫出較深的陰影顏色

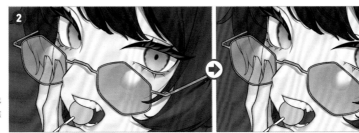

POINT　這次我想將鏡框畫成彩度低的金色，以免干擾到鏡片的顏色，所以我使用的底色是彩度低的黃色，陰影則是彩度更低的橘調灰色。

接著新增[混合模式：新增]的圖層，描繪亮部。畫上鮮明的亮部，就會產生金屬特有的強烈光澤感。亮部的顏色要配合背景，使用同色系的紫色。另外，為了維持與背景之間的統一感，必須新增不透明度為「50%」的[覆蓋]圖層，為畫面遠處的太陽眼鏡鏡腳疊上紫色。

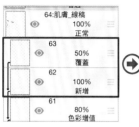 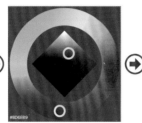 

5 為糖果增添質感

為了表現糖果的透明感，我將糖果球的底色改成淡黃色，再疊上彩度高的深黃色，製造漸層❶❷。使用不透明度「60%」的[混合模式：色彩增值]圖層來描繪陰影，並將光源另一側的陰影暈開，表現糖果的球狀構造❸。糖果球使用彩度偏高的橘色以免色彩混濁，棒子則使用橘色與灰色的中間色。接著，新增不透明度「40%」的[新增]圖層，用紫色來描繪亮部以維持統一

感❹。因為糖果球的顏色看起來有點黯淡，所以我將色相調整得更接近黃色，稍微提高了彩度❺。最後要調整色調。新增不透明度「50%」的[覆蓋]圖層，在靠近光源的陰影處畫上暖色，遠處則畫上冷色，這樣就能表現透明感與華麗感❻。另外，也在糖果球的漸層處加上橘色，就能強調漸層處的鮮豔度與色彩的濃度，帶出透明感❼。

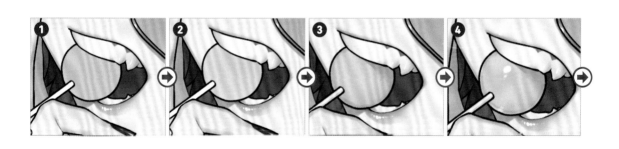

描繪熊與服裝並完稿

最後要為熊與服裝賦予質感。我只用色彩來表現熊毛的蓬鬆觸感。
另外雖然不明顯，但我也將服裝的刺繡畫成凸起的質感，
講究每一個細節。

1 表現立體感：使用淡出筆刷來描繪熊的陰影

新增不透明度為「60%」的[混合模式：色彩增值]圖層，使用[筆刷（淡出）]輕輕畫上帶紫的灰色陰影，並暈開色彩。接著，把筆刷改成[沾水筆（硬筆尖）]，在同樣的圖層中描繪熊的蓬鬆感與陰影。用較短的筆劃一點一點地描繪陰影，就能表現熊毛的蓬鬆質感。我在上色的過程中發現左耳內部沒有必要畫出線稿，所以將它擦除了。

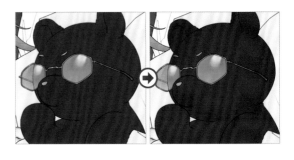

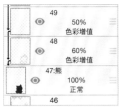

2 以圖層功能來表現明暗與質感

新增不透明度為「50%」的[混合模式：色彩增值]圖層，重複描繪陰影。然後追加不透明度「30%」的[屏幕]圖層，用紫色的[筆刷（淡出）]來表現立體感，用[沾水筆（硬筆尖）]來表現毛的質感。接下來要表現更多的質感。新增不透明度為「100%」的[新增]圖層，為鼻子畫上亮部，表現塑膠般的質感。我也在光源的另一側畫上了淡淡的反射光。接著新增不透明度為「50%」的[覆蓋]圖層，調整色調。在反射光中加上紫色調，呈現與背景之間的統一感。另外，我在太陽眼鏡的陰影部分畫上了橘色，表現透明感。

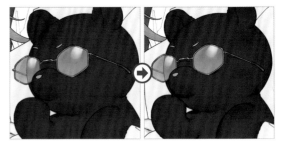

3 完成服裝（T恤）

現實的布料製品就算看起來是純白色，實際上也不完全是白色，所以為了呈現真實感，我會使用混入少量紅色與灰色的顏色。新增不透明度為「50%」的[色彩增值]圖層，描繪T恤的陰影。與頭髮的上色方式相同，皺褶或凹凸要使用降低不透明度的[沾水筆（硬筆尖）]來疊上色彩，再用[模糊]工具將顏色暈開。其他物體造成的

陰影也跟先前一樣，使用不透明度「100%」的筆刷來平塗。沿著縫線畫上淡淡的陰影，就能表現布料被捲入縫線的樣子。我想表現純淨的白色，所以使用帶藍的灰色來描繪陰影。我會使用同樣的顏色重疊在畫過的陰影上。降低服裝的對比，除了胸口處的陰影以外都只用保守的方式上色，就能讓觀看插畫的人將目光放在臉上。

4 用[屏幕]圖層調整亮度，完成

因為底色偏亮，所以要用高於其他部位的不透明度「50%」來新增[屏幕]圖層。為了呈現立體感，使用[筆刷（淡出）]在胸部與肩膀上描繪淡淡的色彩。使用的顏色是彩度高的紫色。在陰影上也重疊色彩，底色與陰影之間的明度差距就緩和下來了。接著新增不透明度為「50%」的[覆蓋]圖層，調整色調。在陰影處刷上大面積的紫色，與底色之間的交界處和皺褶則稍微點綴一點橘色。這樣就完成T恤了。

5 完成外套

使用不透明度設為「50%」與「40%」的[混合模式：色彩增值]圖層，與T恤一樣以平塗的方式描繪其他物體造成的陰影，皺褶則用降低不透明度的[沾水筆（硬筆尖）]，以重疊的方式描繪，再用[模糊]工具暈開。正如先前的步驟，以質感為優先，有時可以擦除線稿來呈現出透明感，並以明暗來加強立體感。另外再使用[覆蓋]圖層來調整色調。我在服裝的輪廓或陰影上描繪淡淡的紫色，想要呈現華麗感的部分則添加橘色。

6 為刺繡賦予立體感

為了讓刺繡看起來夠真實，接下來要進行細部的調整。首先，用偏細的筆刷沿著縫線的方向畫出鋸齒狀的刺繡輪廓，然後塗滿內部。使用不透明度「60%」的[混合模式：色彩增值]圖層，以深色畫上符合服裝起伏的陰影後，接著再用不透明度「100%」的[色彩增值]圖層來描繪輪廓的邊緣，表現刺繡本身的凹凸立體感。然後要再加上亮部，表現縫線的質感。新增不透明度為

「30%」的[新增]圖層，以畫出一條一條細線來增添光澤的手法，沿著線的方向描繪亮部。為了避免光澤變得太油亮，我使用了帶黃的深灰色。最後新增不透明度「50%」的[覆蓋]圖層，在陰影的部分疊上冷色，使其色調能與外套相融。線稿蓋過刺繡的部分要在線稿上面補畫，完成刺繡。

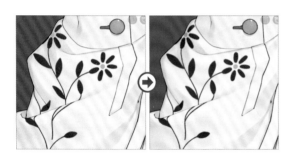 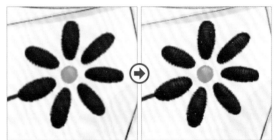

7 進行最後的調整，完成作品

最後為了讓作品看起來更吸引人，要進行細部的調整。首先，分別更改肌膚、頭髮、配件、熊的線稿色彩。用滴管吸取各部位所使用的顏色中最深的顏色，然後疊上比該顏色的明度更低的顏色，使線稿更自然。另外，我直到最後都很猶豫是否要這麼做，但還是決定在眼瞳上

半部追加了一個亮部。雖然是很小的亮部，但我使用[新增]圖層，先畫上深紫色，然後再疊上淡藍色，呈現稍微露出一點紫色邊緣的雙重構造。眼睛的透明感因此而提升。這樣就完成了！

[NAME]

湖木マウ

[PROFILE]
原本基於興趣而創作同人作品及原創插畫，從2020年10月開始從事繪畫工作。至今經手過的工作有頭像、角色畫像、單幅插畫、Live2D用插畫等等。這次是首度刊登作品在印刷媒體上。興趣是觀賞喜愛的遊戲的有趣攻略影片及警匪片。

[CONTACT]
Twitter：@Siketa_Matti
Pixiv：https://www.pixiv.net/users/14213350

[作畫設備]
iOS（iPadPro）、ibisPaintX

[Q&A]

Q1　描繪眼睛時特別留意的地方

眼瞳色彩與眼線的美感。

我會努力表現眼瞳色彩的透明感，並將眼線畫成滑順又優美的曲線。

Q2　如何發展出現在的畫法

我以前是用線條來描繪眼瞳的輪廓，但只用色彩來表現眼瞳的畫法讓我很驚豔，
所以才大幅轉換方向到現在的畫法。後來，我還參考了許多插畫家的用色，
為了畫得更美，我每次創作插畫時都會一點一滴地改良，然後才發展出現在的畫法。

Q3　創作插畫時重視的事

要畫自己喜歡的東西，不要漫無目標地畫，
而是在繪畫的過程中發覺需要改善的地方，並懷抱自己的堅持。

Q4　今後想挑戰的表現方式或工作

我想挑戰的表現方式是厚塗。我在工作方面的經驗還很淺，
所以想挑戰各式各樣的事，其中又對遊戲角色的畫像特別有興趣。

Q5　給讀者的訊息

請不要想得太複雜，首先快樂地描繪自己喜歡的東西，
多去欣賞喜歡的插畫家的作品，
好好珍惜自己覺得喜歡、可愛、帥氣、美麗的感受，以及心中懷抱的堅持。
我認為這麼做就能漸漸看出自己理想中的表現方式，
或是在鑽研的過程中確立自身的風格，並察覺應該改善的地方。
話雖如此，我自己也還在摸索中，所以我們一起加油吧……！

國家圖書館出版品預行編目(CIP)資料

零死角動漫角色眼部電繪技法：從基礎結構原理
到繪圖過程，人氣繪師教你精準掌握眼部繪製
訣竅／末冨正直、秋赤音、ちょん＊、金平
東、SPIdeR.、湖木マウ作；王怡山譯. -- 初版.
-- 臺北市：臺灣東販股份有限公司, 2022.10
176面；19×25.7公分
譯自：目の描き方：表現を極める!
ISBN 978-626-329-461-5（平裝）

1.CST：電腦繪圖 2.CST：繪畫技法

956.2   111013928

零死角動漫角色眼部電繪技法
從基礎結構原理到繪圖過程，
人氣繪師教你精準掌握眼部繪製訣竅

2022年10月1日初版第一刷發行
2023年 8 月1日初版第二刷發行

作　　者　末冨正直、秋赤音、ちょん＊、金平東、SPIdeR.、湖木マウ
譯　　者　王怡山
編　　輯　吳元晴
封面設計　水青子
發 行 人　若森稔雄
發 行 所　台灣東販股份有限公司
　　　　　＜地址＞台北市南京東路4段130號2F-1
　　　　　＜電話＞(02)2577-8878
　　　　　＜傳真＞(02)2577-8896
　　　　　＜網址＞http://www.tohan.com.tw
　　　　　1405049-4
法律顧問　蕭雄淋律師
總 經 銷　聯合發行股份有限公司
　　　　　＜電話＞(02)2917-8022

末冨正直（Part1）
[PROFILE]
插畫家。自由承接插畫工作，同時具備在專科學校擔任講師10年以上的經驗。
主要負責講授漫畫背景、人物（骨骼、肌肉、姿勢、服裝等等）的課程。
[CONTACT]
Pixiv：https://www.pixiv.net/users/1590641

秋赤音（Part2）
[PROFILE]
主要從事插畫、角色設計、平面設計的工作，另外也發表服裝設計及影片等多種
類型的作品。亦於Art Fair Tokyo參展，將創作範圍擴及美術領域。
[CONTACT]
Twitter：@_akiakane　Pixiv: https://www.pixiv.net/users/169098
HP：http://akiakane.net

ちょん＊（Part2）
[PROFILE]
插畫家。主要描繪融入流行文化的繽紛少女。過去經手的作品有Vtuber設計、
Village Vanguard合作活動、服飾設計等等。作品曾登上《日本當代最強插
畫2021：150位當代最強畫師豪華作品集》（翔泳社）、《繪師100人[2022]》
（BNN）。
[CONTACT]
Twitter：@xx _Chon_xx　Instagram: chon_mi105
Pixiv：https://www.pixiv.net/users/15158551

金平東（Part2）
[PROFILE]
自由接案的插畫家。從事MV插畫與Vtuber的Live2D插畫繪製等工作。
[CONTACT]
Twitter：@KONNPEITOUO_O　Instagram: konpeitou0_0
Pixiv：https://www.pixiv.net/users/37354724

SPIdeR.（Part2）
[PROFILE]
喜歡遊戲，特別是魔物獵人、勇者鬥惡龍等等。身為一名學生，總是精益求精，
目標是進入遊戲公司任職。興趣是看電影（閱讀BL書籍）。
[CONTACT]
Twitter：@ru_a_le_01（主要帳號）／@ru_a_le_02（收費委託專用帳號）

湖木マウ（Part2）
[PROFILE]
原本基於興趣而創作同人作品及原創插畫，從2020年10月開始從事繪畫工作。
至今經手過的工作有頭像、角色畫像、單幅插畫、Live2D用插畫等等。這次是首
度刊登作品在印刷媒體上。興趣是觀賞喜愛的遊戲的有趣攻略影片及警匪片。
[CONTACT]
Twitter: @Siketa_Matti
Pixiv：https://www.pixiv.net/users/14213350